30秒探索
科学理论

每天30秒
探索最引人深思的
50个科学理论

30-SECOND
THEORIES

$$\mathcal{E} = mc^2$$

主编　[英] 保罗·帕森斯 (Paul Parsons)
序　　[英] 马丁·里斯 (Martin Rees)
参编　[英] 吉姆·艾尔-哈利利 (Jim Al-Khalili)
　　　[英] 苏珊·布莱克摩尔 (Susan Blackmore)
　　　[英] 迈克尔·布鲁克斯 (Michael Brooks)
　　　[英] 约翰·格里宾 (John Gribbin)
　　　[英] 克里斯汀·贾勒特 (Christian Jarrett)
　　　[英] 罗伯特·马修斯 (Robert Matthews)
　　　[英] 比尔·麦奎尔 (Bill McGuire)
　　　[英] 马克·里德利 (Mark Ridley)
译者　戴冰鑫　于兹志

机械工业出版社
CHINA MACHINE PRESS

30 Second Theories by Paul Parsons

Copyright: The IVY Press 2009

This translation of 30 Second Theories originally published in English in 2009 is published by Arrangement with THE IVY PRESS Limited.

through BIG APPLE AGENCY, LABUAN, MALAYSIA.

Simplified Chinese edition copyright：

2015 China Machine Press

All rights reserved.

北京市版权局著作权合同登记　图字：01-2013-3375号

图书在版编目（CIP）数据

科学理论/（英）帕森斯（Parsons，P）主编；戴冰鑫，于兹志译.
—北京：机械工业出版社，2015.7（2018.4重印）
（30秒探索）
书名原文：30 Second Theories
ISBN 978-7-111-50933-2

Ⅰ.①科… Ⅱ.①帕…②戴…③于… Ⅲ.①自然科学理论—普及读物
Ⅳ.①N0-49

中国版本图书馆CIP数据核字（2015）第168083号

机械工业出版社（北京市百万庄大街22号　邮政编码100037）
策划编辑：马　宏　责任编辑：马　宏
责任校对：肖　琳　封面设计：鞠　杨
北京华联印刷有限公司印刷
2018年4月第1版第3次印刷
175mm×225mm·8印张·195千字
标准书号：ISBN 978-7-111-50933-2
定价：55.00元

凡购本书，如有缺页、倒页、脱页，由本社发行部调换
电话服务　　　　　　　　　　　网络服务
服务咨询热线：010-88361066　机 工 官 网：www.cmpbook.com
读者购书热线：010-68326294　机 工 官 博：weibo.com/cmp1952
　　　　　　　010-88379203　金 书 网：www.golden-book.com
封面无防伪标均为盗版　　　教育服务网：www.cmpedu.com

目 录

译者序

中国古代儒家讲究"格物致知"，就是说"穷究事物的原理从而获得知识和道理"。一代又一代的人们不断从辛勤的劳动中获得智慧的结晶并让其开出灿然的花朵，亲爱的读者请你们带着本书沿着这条"花木深"的小径细细赏玩这些理论吧。

本书将现今大大小小的理论划分为 7 大块，涵盖了从宏观到微观、从天文到地理、从物理到心理、从科学理论到科学发展本身的50个理论。每一个理论都由科普作家深入浅出地娓娓道来，让读者对这个奇妙的世界有更加全面深入的了解。

你是否会好奇手机信号从何而来？地球为何会绕着太阳旋转而不是太阳绕着地球旋转？光和电磁波又有何关系？本书第一章"宏观世界理论"就会对这些问题一一解答。现今，我们所处的世界充满了辐射，手机、电视、电脑甚至电吹风都会辐射，连光都属于辐射的一种，而这些辐射均是由波构成。爱因斯坦正是假设了光的波粒二重性才解释了光电效应，因而获得了诺贝尔奖。物理学家们认为世间万物都是由原子构成的，换言之，如果我们懂得了如何控制原子，那么我们就能控制整个宇宙。在学会控制原子之前，我们首先需要了解原子的构成、运作方式以及相互作用的规律。第二章是"微观世界理论"，这一章会详细地向您介绍与这些调皮的小粒子有关的一些理论。还记得那只被薛定谔"虐待"得死去活来的猫吗，你想知道这只猫最后的命运吗，不要犹豫，请直接翻到"薛定谔的猫"，他会给你一个"满意"的答复。

人类简直是世界上最有趣的生物了，他们既可以建造出恢宏的实体建筑，又可以创作出瑰丽的文学作品，还可以演奏出动人的美妙乐曲。那么您想知道人类到底是怎么进化而来的吗？"人类进化"一章的7篇理论等着您。人们常常说"女儿是父亲上辈子的情人"，可谁又能说儿子不是母亲上辈子的情人呢？那么孩子为什么从小会有"恋父情结""恋母情结"呢？弗洛伊德认为这一切都要从心理讲起。人类的心理暗示效应十分强大，医生常常利用它治疗疾病，那么药物在治疗疾病的过程中到底扮演着什么角色呢？"思想与身体"这一章就正好解释了这么几个有趣且有料的"好玩"理论。

"一沙一世界，一花一天堂"，诗人可以从一粒沙中窥得一个世界，从一朵花中瞥见一个天堂。科学家说，沙子的主要成分是二氧化硅，二氧化硅在高温下熔铸形成玻璃，玻璃打磨成凸透镜后可以制造出显微镜及望远镜，人们用它去仰观天文、俯察地理。通过一粒沙，我们可以了解地球、探查宇宙。地球之前是一颗雪球吗？宇宙是像凤凰一样浴火重生还是像孙悟空一样从一颗葡萄柚大小的物质中爆炸出生？地球的未来、宇宙的命运就隐藏在"地球""宇宙"这两章之中。

前6章介绍了43个理论，而最后的"知识"一章则把目光投向了科学本身——奥卡姆的剃刀是一把怎样神奇的剃刀，从而能成为一切理论之母？博弈论是什么？博弈的双方如何才能使自己获得利益最大化？读到这里，你是不是已经有些迫不及待想要一睹为快了，那么本书的最后一章绝不会让你失望！

作为一本科普读物，这本书的内容通俗易懂、文风生动明快，十分具有感染力。译者在翻译时都乐在其中，收益颇丰，希望亲爱的读者们也能感受到这种快乐，让我们现在就开启这段科学理论之旅吧！

序

马丁·里斯

我们的世界正变得越来越复杂和令人困惑。一些悲观主义者认为，科技的进步——或者确切来说社会本身——将会因"信息超载"而停滞不前。但是我认为并没有那么严重。随着科技的进步，越来越多的自然中的既定模式和规律被揭示开来，使得很多之前看似毫不相关的事实产生了某种内在联系。我们没有必要去记录秋天里每个苹果的坠落，因为根据艾萨克·牛顿的伟大发现，我们知道万物——无论是苹果还是航天器——都会受到地球重力的影响。

构成我们世界最简单的基本单位是原子，对于原子运转的方式，我们现在已经能够理解并做出预测。原子运转的定律和动力是普遍一致的，地球上所有地方的原子运转方式都完全相同，事实上即使在最遥远的星球上，情况也是如此。通过掌握这些基础事实，工程师设计出了现代世界从收音机到火箭的全部机械制品。

我们每天生活的环境太过复杂，因为其本质很难用几个公式来描述，但是卓越而统一的观点已然改变了我们看待地球的方式。例如，大陆漂移学说使得全球各地一系列地质和生态模式都能得到合理、和谐的解释。查尔斯·达尔文的自然选择进化理论揭示了地球生命网络的一体性。无论我们每个人的生活呈现出何种模样，我们周围的环境永远不会混乱不堪和毫无秩序。自然中存在着各种各样的规律，人类的行为、城市的发展、流行病的传播以及科技的进步（例如电脑芯片的发展）都有规律可循。对于世界我们知道得越多，不解的东西就会越少，而我们就越容易改变它。

这些定律或模式是科学的伟大胜利。人们需要竭尽才能才可以发现这些定律，甚至在许多情况下需要一些天分才能做到。但是领会这些定律的本质并不是那么困难。即使我们不能作曲或演奏，但我们仍旧能够欣赏音乐。同理，每个人都能接触科学理论，并赞叹科学理论的美。

现在，科技对人类生活影响之大前所未有。许多诸如能源、健康、环境这样的政治问题都与科学相关。科学的应用对我们每个人都十分重要。重要的决定不应只由科学家做出，而应该是更加广泛的公共讨论的结果。但是为了做到这一点，我们每个人都需要对科学的重要概念有所了解。同时，这些概念除了应用于实际生活，也应成为我们共同文化的一部分。重要的科学概念可以简要地用非专业词汇和简单的图片来解释清楚并概括出来，甚至只需要30秒。这就是本书的目的，我们希望可以达到这一目标。

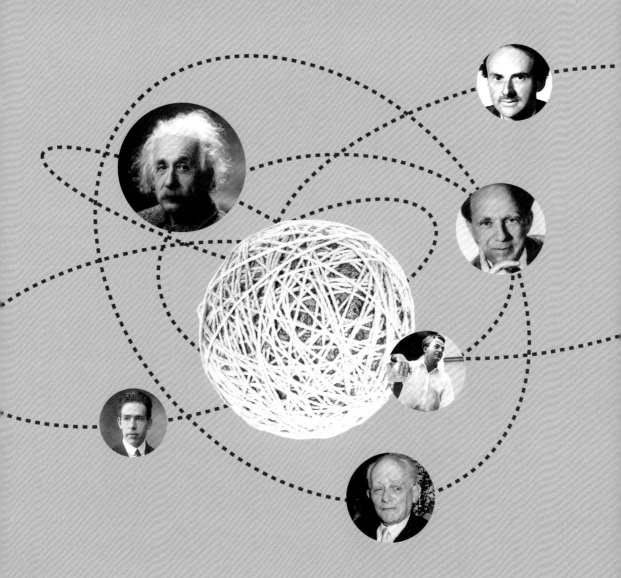

万物之理

　　统一理论试图解释宇宙万物之间的联系，例如弦理论。伟大的科学家们已花费数十年的时间试图建构"万物之理"，本书将用30秒的时间来解释它（见38页）。

实验，实验

　　科学理论需要实实在在的证据，而证据通常
来自于精心策划和控制下所做的实验。

前言

保罗·帕森斯

　　每个人都有属于自己的一套"理论"。在担任BBC的科技月刊《聚焦》的主编时，我就已经见识到这一点——每天我都会收到一些读者来信，信中会提出这样那样的理论。有的读者声称自己解开了黑洞、平行宇宙或者是大爆炸理论的谜团，有的则是说自己查明了生命的起源或是统一了粒子物理学定律。对此，我会一一回复，并表达我的谢意，同时请求他们将完整的数学依据寄来，但是读者中无人能做到这一点。

　　这就是我们日常谈论的猜想和臆断与科学家们苦苦构建的理论之间的区别。

　　科学理论是逻辑的创造。科学理论反映了人们最精确的实验观察和对世界最深刻的理解，然而科学理论并不代表着绝对的真理。科学理论仅仅反映了我们现有的知识水平，很有可能会出现新的证据推翻现有的理论，从而使理论家们回到起点，从头再来。

　　以我们对太阳系的认识为例，在公元2世纪，古希腊哲学家托勒密提出地心说，这套理论合理地解释了当时观测到的天文现象。然而，在17世纪初，意大利天文学家伽利略开始用新发明的望远镜观察天空，这使得人们对太阳系的观测从肉眼观测上升到一个全新的高度。

　　伽利略观测到的细节与100年前波兰天文学家尼古拉·哥白尼所提出的一种全新的理论相吻合。哥白尼绘制了现在世人所熟知的太阳（而不是地球）坐落在太阳系中心的图片。许多探测信息，包括从太空探测器收集的数据，都已证实了这一点。其他被推翻的理论还有地平说、燃素说（一种早期的试图解释火起源的学说）以及所谓的智慧设计论。旧的、无效的理论被新的、更完善的理论所取代，我们通过这种方式获得了几乎全部的现代科学理论知识。

构成当今科学知识主体的理论覆盖了从宇宙起源到人脑运作的全部内容。在接下来的章节中，这50个伟大的理论将由最具才华的科学讲解员娓娓道来。每个理论的核心内容自成一个通俗易懂的独立篇章，没有难懂的术语，更无闲言赘语，只有简明、朴实的语句。

这些理论是帮助人们理解世界的七大支柱，所以本书分为七章。第一章是"宏观世界理论"，主要介绍与日常世界较大规模的物理运动有关的理论，例如运动定律、万有引力定律和电学定律。第二章是"微观世界理论"，将我们的视野引向自然中原子和亚原子等粒子的微观量子世界。第三章是"人类进化"，阐述了生命、人类以及智力和语言等其他方面的进化历程。第四章是"思想与身体"，记录了心理分析和基因疗法等关键医学理论。在第五章"地球"中，我们罗列了那些使科学家们掌握地球和气候内部如何运转的伟大理论。第六章是"宇宙"，本章的关注点更为辽远，全章对宇宙的起源、演变和最终命运等进行了盘点。最后一章是"知识"，它涉及科学的一个分支，即关注科学自身的发展，诸如揭示计算机持续进步规律的摩尔定律和身为一切理论之母的奥卡姆的剃刀原理。同时，这七个章节也会简要介绍这些领域中部分科学巨匠的生平，例如查尔斯·达尔文和史蒂芬·霍金。

这本书有着双重目的。一方面，本书结构化、渐进式的讲述方法使之成为一部绝佳的科学理论微型百科全书，供读者在需要时查询。另一方面，若全书通读，读者将对现今科学家如何思考自然世界有着全盘把握。因此，如果你对量子理论抱有疑惑，或是对相对论摸不着头脑，或仅仅是对这些年来科学家们的成就比较好奇，那么请你惬意地坐下来，让本书带领你在人类头脑创造的伟大成就中遨游吧。

相对值

　　相对论或许是最知名的科学理论之一，但是我们真的理解相对论么？相对论是关于时间、物质、能量和空间相互作用的理论，见**18**页。

宏观世界理论

宏观世界理论
术语

原子　构成地球上所发现物质的最小单位[一]。原子自身由更小的粒子构成：即质子、中子和电子。这些粒子的不同组合赋予每种原子独特的物理和化学性质。例如，金原子和碳原子的内部构成就截然不同。

常数　在自然中测量的物理量，数值不发生改变，例如光的速度。常数可以用来将两个成常比的物理量联系起来。当两个物理量中的一个发生改变，另一个将相应地发生变化。常数可以帮助我们精确地算出一种物理量的改变如何影响另一种物理量。

维度　描述一个物体或事件的基本度量方法。人们已经知道四种维度——长度、宽度、高度和时间，但是，科学理论常常囊括多重维度，而这些维度只能通过数学来进行感知和描述。

[一] 指能保持物质化学性质的最小单位，即原子在化学反应中不可分割。——译者注

电荷　物质的一种基本性质。一些物质，例如质子，带正电荷；另外一些物质，例如电子，则带负电荷。中子则呈中性，不带任何电荷。电子从带负电的物体流向带正电的物体便形成了电流。

电磁波　描述辐射（例如光和热）的另一种方法。

方程　一种用来表示可测量的量之间关系的数学等式。方程$E=mc^2$表示一个物体的能量（E）等于这个物体的质量（m）乘以光速（c）的平方（平方表示一个数乘以这个数本身）。

场　在一个空间内，位于其中的物体会受到某种力的作用，例如磁力场和重力场。

动能　运动的物体所具有的能量，与物体的速度有关。

定律　对自然界中观察到的客观规律进行的简单描述。大多数定律以方程的形式表达出来。

宏观世界　在最大的尺度上反映系统的运转，亦称大宇宙。

质量 衡量物体内物质含量的方式。"质量"和"重量"经常被互换使用,但是重量事实上是一个物体承受的重力。在日常语境里,一个物体的"质量"和"重量"在地球上是意义相同的,但是,如果是在月球上,这个物体的质量不会改变,然而物体的重量会由于月球引力的减小而降至地球上重量的15%。

物质 宇宙中的物体,能填充一定空间,并能够以某种方式进行度量。

振荡 空间中围绕一个固定点做的节奏性的运动。

粒子 微小的物质单元。在物理学中,用最小尺度来衡量,粒子可以是原子内部极小的组成部分,也可以是水、氧气或者其他物质的一个分子。除此之外,一粒灰尘、一粒烟的颗粒、一粒沙尘都可以称为是粒子。

势能 储存于物体中,能够释放出来并用来做有用功的能量。山顶上一块摇摇欲坠的石头具有势能。如果石头滚下山,势能便转化为动能。

垂直 一个物体与另一物体成90°角。例如墙面与地面垂直,不出意外的话,绝大多数情况下都是如此。

辐射 辐射有时用来描述放射性物质释放有害物质的现象,但是正确地来说,辐射描述的是光子(传递电磁相互作用的基本粒子,带有能量)在空间的传播现象。光、热量、无线电波以及危险的伽马射线都属于辐射,只是每一种辐射携带能量的数量不同。

折射 当一束光或其他辐射从一种介质(例如空气)射入另一种介质(例如水)时,传播方向会发生微小变化。折射发生的原因是光在两种不同的介质中的传播速度不同。当一束光从一种介质斜射入另一种介质时,其传播速度会发生改变,同时光线传播的方向也会发生微小改变。

光速 辐射的速度,也是宇宙中物质运动速度的极限。光在真空中的速度是每秒186282英里(299792km/s)。任何事物的运动速度都不会超过这个速度。

亚原子的 比原子小的。

最小作用量原理

the 30-second theory

最小作用量原理意味着，从本质上讲，一切事情的发生总是以最省力的方式进行。所以光是沿直线传播的，这是因为两点之间直线最短。如果你丢下一个球，球将朝着地心下坠。没人确切地知道是谁最先提出最小作用量原理，但是如果你略加思索，便能从日常生活经验中总结出这个原理。然而，在18世纪，这可是件大事。一些伟大的数学家，如莱昂哈德·欧拉、皮埃尔·德·费马、戈特弗里德·莱布尼茨以及伏尔泰，纷纷参与到关于谁最先提出这个原理的争论之中。该理论以及类似理论的提出在当时具有重要意义，因为这事关描述物体在力的作用下运动的方程的构成。势能和动能的概念也是基于这些理论提出的。

相关理论

统一理论　38页

奥卡姆剃刀　126页

3秒钟人物

莱昂哈德·欧拉
LEONHARD EULER
1701—1783

皮埃尔·德·费马
PIERRE DE FERMAT
1601—1665

戈特弗里德·莱布尼茨
GOTTFRIED LEIBNITZ
1646—1716

伏尔泰
VOLTAIRE
1694—1778

本文作者

迈克尔·布鲁克斯
Michael Brooks

3秒钟灵光一现

现代物理学的核心就是——"自然对自己的一切行动都精打细算……"

3分钟奇思妙想

量子论——用来描述亚原子粒子运作的理论——似乎是不符合最小作用量原理的唯一个领域。量子可以同时处于两种状态，在从一个地方移动到另一个地方时，量子可以同时采用多条路线。理查德·费曼则更加深入地认为，量子在运动时能同时采取所有可能的路线。

正如多个理论不言而喻的那样，最小作用量原理已是常识——自然界中的运动所采取的路线总是最短、最简便的。

> 到地球的最短路线
是哪一条？当然是直
线啦！

运动定律

the 30-second theory

当牛顿坐下来思考物体是如何运动时，他总结出三条定律，这三条定律现在已为人所熟知，几乎成为了常识。第一条定律，一切物体具有"惯性"，惯性是衡量物体抵抗其运动状态被改变的性质。静止的物体始终保持不动，除非你推它一下，这就是惯性。与此类似，运动中的物体将始终保持运动，直到有物体阻止它们或有力推动它们。第二条定律，物体的质量决定力施加（或减少）作用于运动的效果。第三条定律最为著名，与前面的略微不同，即每个作用力都有一个大小相等、方向相反的反作用力。如果我推你一下，我会感受到你对我也有一个大小相等但方向相反的推力。这就是宇宙火箭和喷气式发动机的工作原理：当它们从尾部管口喷出气体时，发动机就获得了一个向前的力。这就是为什么你在下船时需要特别小心的原因，如果你自己向前走，那么船就不可避免地向后移动，如果忘了考虑这个，可能你就要游个泳了。

3秒钟灵光一现
牛顿用公式描述了物体的基本运动，航天器学由此诞生。

3分钟奇思妙想
牛顿定律虽然简单，但是却十分精确。然而，对于描述以接近光速运动的物体或是处在强引力场中的物体的运动，牛顿定律就不那么精确了。在上述这些情况下，爱因斯坦的相对论取而代之，为我们提供了最终的运动定律。

相关理论
万有引力定律　8页
相对论　18页
统一理论　38页

3秒钟人物
艾萨克·牛顿
ISAAC NEWTON
1643—1727

本文作者
迈克尔·布鲁克斯
Michael Brooks

如果你要描述日常生活中物体的运动——无论是橄榄球还是宇宙空间站，你只需要运动定律就够了。牛顿为我们提供了登上月球的方法，而我们花了300年才制造出登月需要的火箭。

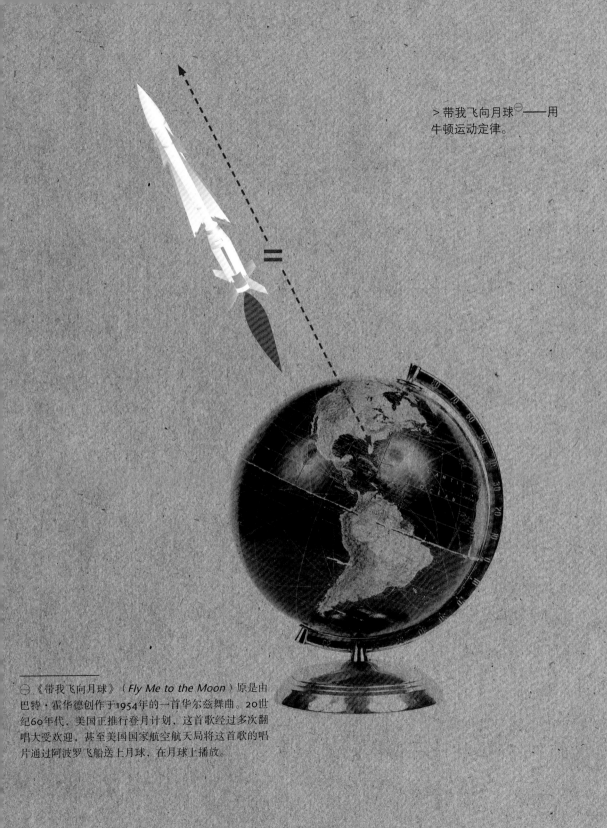

> 带我飞向月球○——用牛顿运动定律。

○《带我飞向月球》（*Fly Me to the Moon*）原是由巴特·霍华德创作于1954年的一首华尔兹舞曲。20世纪60年代，美国正推行登月计划，这首歌经过多次翻唱大受欢迎，甚至美国国家航空航天局将这首歌的唱片通过阿波罗飞船送上月球，在月球上播放。

万有引力定律

the 30-second theory

万有引力定律描述了自然中的一种基本作用力，是科学界最伟大的成就之一。1687年，艾萨克·牛顿在《自然哲学的数学原理》一书中首次提出万有引力定律，这是一部三卷本的数学巨著。万有引力定律认为，一切有质量的物体（由普通物质构成的一切物体）之间均存在引力。两个物体之间的引力大小取决于二者的质量、二者之间的距离和引力常数。万有引力定律的核心内容之一就是引力遵循平方反比定律，也就是说两个物体之间的引力随着二者之间距离的平方而线性衰减。牛顿提出的万有引力定律十分精确，立刻解释了行星的运动规律，并提供了预测行星之间相互运动和行星相对恒星运动的简单方法，同时我们也根据该定律把火箭送入了太空。直到爱因斯坦提出相对论并用它来解释行星轨道中的微小差异，人们才意识到牛顿的万有引力定律并不是引力领域的定锤之音。然而，在解释我们日常生活中所遇到的引力现象时，万有引力定律几乎都是准确的。

相关理论
运动定律　6页
相对论　18页
量子场论　34页
统一理论　38页

3秒钟人物
艾萨克·牛顿
ISAAC NEWTON
1643 — 1727

本文作者
迈克尔·布鲁克斯
Michael Brooks

3秒钟灵光一现
向上运动的东西一定会掉下来，而事实也正如牛顿所说的那样。

3分钟奇思妙想
现代物理学的一些观点认为，当物体的直径小于一毫米或者大于太阳系的直径时，牛顿的万有引力定律就需要进行调整。此外，没人能够解释为什么有质量的物体会相互吸引，为什么万有引力远远小于自然中其他的作用力，以及引力常数的真正价值——引力常数测量难度很大，是物理中测量最不精确的常数。

无论大小，一切物体都会砸向地面。

$$F = G\,\frac{m_1 \times m_2}{r^2}$$

>重力使物体下落速度加快，一头大象的加速度和一粒小豌豆的加速度是相同的。但是，一定要躲开大象，否则后果不堪设想！

1879
出生于德国乌尔姆市

1896
进入瑞士苏黎世联邦理
工学院，学习物理学和
数学

1905
发表关于光、分子运动
和能量的四篇论文

1913
着手研究关于万有引力
的新理论

1915
完成广义相对论

1921
获得诺贝尔物理学奖

1928
着手研究统一场论

1935
移民到美国

1955
病逝于美国普林斯顿

人物传略：
阿尔伯特·爱因斯坦

ALBERT EINSTEIN

"如果你坐在一束光上，你会看到什么呢？"这是阿尔伯特·爱因斯坦儿时问自己的问题。相对论就是爱因斯坦的答案，这个理论颠覆了250年前艾萨克·牛顿描述的"有序宇宙"。在爱因斯坦提出相对论后一百多年的今天，科学家们仍然在试图弄清楚相对论到底揭示了什么，对这一理论的研究远未停止。

1879年，阿尔伯特·爱因斯坦出生在德国南部地区，父亲赫尔曼·爱因斯坦是个不成功的商人。19世纪90年代，由于家庭境况进一步恶化，爱因斯坦不得不独自留在德国以完成学业，而父母则去了意大利工作。这时，爱因斯坦早已开始自己的科学研究，在16岁的时候他选择辍学。虽然爱因斯坦未曾接受正规教育，他仍然于1896年凭借一己之力考入瑞士苏黎世联邦理工学院。

由于爱因斯坦总是在家里搞研究，他在学校的出勤率很低。毕业后，爱因斯坦的坏名声阻碍了他的学术生涯。后来，他在瑞士首都伯尔尼的专利局找到了一份工作，并于1903年与米列娃·玛丽克结婚。这份简单的工作让他有大量的空余时间思考物理学。

1905年是爱因斯坦的"奇迹之年"，他在短短一年里发表了4篇论文。其中关于光电关系的论文为爱因斯坦赢得了诺贝尔奖，另外一篇论文则是相对论的雏形。10年后，爱因斯坦发表了广义相对论，这个理论将爱因斯坦关于能量、质量和万有引力的想法整合成单一的概念，称为时空。

虽然爱因斯坦的生活曾遭世界大战重创，也曾受到个人问题的影响，但是他对工作始终孜孜不倦。他的主要目的是把相对论与原子理论联系在一起，从而创造出一个单一的囊括一切的统一理论。爱因斯坦直至1955年去世都未能完成这项工作，时至今日，这个理论仍旧未能成形。

波动理论

the 30-second theory

走在沙滩上，感受到了波浪的冲击，你便能明白波是携带着能量的。但是不同的波其传播形式是截然不同的。诸如海浪和声波之类的波是通过水、空气或其他媒介中粒子的运动进行传播。这种波分为两种类型。声波是"纵向"的，空气振动的方向与声波传播的方向相同；而"横向"的波，例如电磁波，振荡的方向与波传播的方向垂直。偏振片太阳镜的工作原理就是挡住某一特定方向的横波，例如挡住上下方向的横波，而其他方向的光波（例如左右方向的横波）就能不受影响地通过。如果光波是纵波，那么偏振片太阳镜就起不了任何作用了。

19世纪，托马斯·杨等物理学的先驱们向人们展示了如何操控波，与此同时大多数的波理论也应运而生。波可以被特定的物质反射，在穿过两种不同介质时会发生折射，在穿过狭缝时会发生衍射。波与波之间同样可以互相干涉，在介质中的某些地方相互抵消以至完全消失，在另外一些地方则相互叠加从而得到加强。

相关理论
电磁学　16页
量子场论　34页

3秒钟人物
托马斯·杨
THOMAS YOUNG
1773—1829

本文作者
迈克尔·布鲁克斯
Michael Brooks

3秒钟灵光一现
波动理论解释了为什么在太空中没有人能听见你的尖叫。

3分钟奇思妙想
随着量子理论的提出，人们开始意识到电磁波实际上是由带有能量的光子振荡形成的。阿尔伯特·爱因斯坦就是因为提出光子假设并成功解释了光电效应因而获得诺贝尔奖。在此之前，人们一直认为光是由一系列振荡频率不同的波组成的。光子上所携带的能量关系到光波的振荡频率以及光的颜色。蓝光中光子所携带的能量要比红光中光子携带的能量多，振荡频率也更高。

海洋里、空气中乃至真空中，波无处不在。但是，无论是位于何处的波，它们都具有波长，即从一个波周期开始到下一个波周期开始的距离。

> 如果波一秒钟运动一个波长，这个波的频率就是1赫兹(Hz)。那么海浪的频率大约是0.2赫兹，而光波的频率却大概是500万亿赫兹。

振幅

波长

横波

纵波

热力学

the 30-second theory

要是你想知道热量是如何传播的，那么就应对热力学有所了解。热力学主要有三大定律。第一定律是无论发生什么，宇宙的总能量不变。换言之，能量不能自行产生，也不能凭空毁灭，能量只能从一种形式转变为另一种形式。第二定律是一个孤立系统的熵值会持续增加。熵值用来描述在封闭的热力体系中不能做功的一定数量的热能，例如，手表发条缓慢旋开，供应手表工作的能量也就越来越少。但是在这个过程中，手表的熵值增加了，因为发条的势能缓慢地转化为手表指针的动能，以及机械摩擦产生的热能。

第三定律：当系统的温度降低到绝对零度时（可能的最低温度-459.67℉，即-273.15℃），一切自然过程将完全停止，熵值降到最低点。然而，事实上，绝对零度是无法到达的。

热力学并不像它听上去那样的抽象和深奥。19世纪，开尔文爵士首次提出了热力学，而热力学也是我们生活中方方面面的理论基础，例如家里的冰箱、集中供暖、驱动汽车的引擎以及维持人类生命的生物过程。

3秒钟灵光一现
开尔文爵士对自然热量的精妙描述告诉我们一个道理——天下没有免费的午餐。

3分钟奇思妙想
在热力学第二定律提出之前，许多人相信可以发明一种"永动机"。例如，不消耗任何能量给房间提供照明，利用电动马达带动发电机的轮子，发电机给房间提供照明，同时为马达提供电力。虽然现在看来这显得有些不切实际，但是在19世纪这可是个大买卖。当时，许多企业家试图解决这一问题，并希望借此获得巨大财富。

相关理论
混沌理论　140页

3秒钟人物
威廉·汤姆生
（开尔文爵士）
WILLIAM THOMSON,
LORD KELVIN
1824—1907

本文作者
迈克尔·布鲁克斯
Michael Brooks

根据热力学，冰箱并不是将冷气施加到食物上，而是通过压缩冰箱后面管道中的液体将食物中的热量带走。

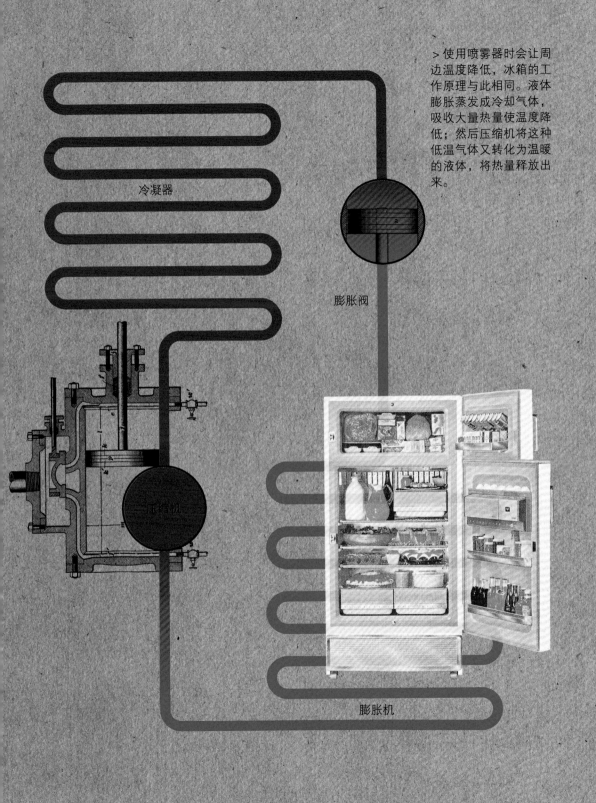

>使用喷雾器时会让周边温度降低，冰箱的工作原理与此相同。液体膨胀蒸发成冷却气体，吸收大量热量使温度降低；然后压缩机将这种低温气体又转化为温暖的液体，将热量释放出来。

冷凝器

膨胀阀

压缩机

冷凝器

膨胀机

电磁学

the 30-second theory

电磁学对于人类和现代文明来说具有十分重大的意义。没有它，我们的生活将变得无法想象。电磁学是关于电荷、运动和磁场三者相互作用的理论。让金属线圈在磁场中运动，线圈中会产生电流，这就是发电机的工作原理。相反，如果线圈有电流通过，电流会产生磁场，这就是电磁铁的工作原理。电磁铁为大多数门铃和粒子加速器提供能量。第三种情况是，给位于磁场中的线圈通电，线圈会开始运动，这是厨房搅拌器和电钻中电动机的工作原理。

电磁学理论的提出主要归功于英国科学家詹姆斯·克拉克·麦克斯韦。麦克斯韦首次提出描述电场和磁场复杂相互作用的方程。这个方程中却包含了一个人们都意想不到的因素——光速。这一发现让人们认识到，光和热辐射可以看作是以波的形式在电磁场中按电磁规律传播的振动。这些运动的场统称为辐射。对辐射的研究促使马克斯·普朗克创造出量子理论，并使爱因斯坦提出相对论。

3秒钟灵光一现
一节电池、一环线圈和一块磁铁就能让你大开眼界。

3分钟奇思妙想
随着量子理论的形成，詹姆斯·克拉克·麦克斯韦的电磁方程有必要进行重写。由此诞生了一种新的理论——量子电动力学（QED）。有趣的是，这个新理论并不是纯粹的理论，其中还包含着从实验中测出的数值。尽管如此，量子电动力学还是通常被认为是科学界中最成功的理论。

相关理论
波动理论　　12页
量子场论　　34页
统一理论　　38页

3秒钟人物
詹姆斯·克拉克·麦克斯韦
JAMES CLERK MAXWELL
1831—1879

马克斯·普朗克
MAX PLANCK
1858—1947

阿尔伯特·爱因斯坦
ALBERT EINSTEIN
1879—1955

本文作者
迈克尔·布鲁克斯
Michael Brooks

让人惊奇的是，无论是玩具汽车还是超级计算机，它们运行所需的能量都来源于无形粒子的流动和无形力场的作用。

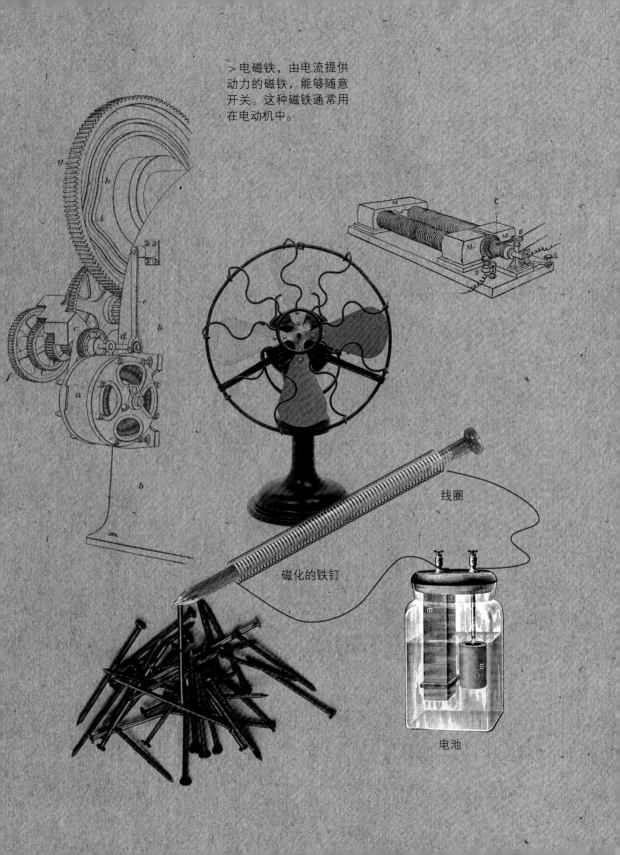

> 电磁铁，由电流提供动力的磁铁，能够随意开关。这种磁铁通常用在电动机中。

线圈

磁化的铁钉

电池

相对论

the 30-second theory

爱因斯坦的相对论是描述物质、能量、空间和时间相互作用的最精确的理论。相对论分为狭义相对论和广义相对论。狭义相对论首先被提出来，即没有物体的运动速度能大于光速。同时，狭义相对论还认为，时间流逝的快慢对以不同速度运动的人来说是不同的。根据狭义相对论，如果把一对双胞胎分开，将其中一个带到太空中以接近光速的速度运动，而把另一个仍然留在地球上，那么当他们重逢时，两者的年龄会有很大差异。狭义相对论还提出了著名的$E=mc^2$方程，这一方程反映了物质和能量相互转化的关系，并为制造原子弹和利用核能奠定了理论基础。

后来的广义相对论推翻了牛顿对于重力的定义。广义相对论把时间也描述为一个维度，这个维度与空间的三个维度结合在一起就称为时空。一切有质量或能量的物体会导致时空弯曲，从而创造出一个引力场。这种引力场对穿过其中的所有物体都有力的作用，甚至能使穿过其中的光线弯曲。1919年的日食观测首次验证了相对论的正确性。

3秒钟人物

阿尔伯特·爱因斯坦
ALBERT EINSTEIN
1879—1955

艾萨克·牛顿
ISAAC NEWTON
1643—1727

本文作者

迈克尔·布鲁克斯
Michael Brooks

3秒钟灵光一现

根据相对论，一个人运动的速度越快，时间就过得越慢，人也就衰老得越慢。所以，要想青春永驻，就要运动起来！

3分钟奇思妙想

相对论是时间旅行的基础。在太空中高速运动的宇航员，是离我们最近的时间旅行者。当宇航员以较快的速度运动时，宇航员的时间相对地球时间会慢下来。当宇航员们回到地球，地球上每个人都要比他们衰老的程度多一些。广义相对论为我们打开了穿越到过去的大门，接踵而至的就是一系列奇怪的悖论。例如，回到过去，你可以杀死你的祖父，那么你的存在又要如何解释呢？撇开这些稀奇古怪的想法，现在还没有任何实验证明相对论是错的。

"万物皆息息相关。"我们时常这样讲，但是我们可能根本就没有抓住这句话的真谛——甚至时间、质量和空间都是相互关联的。

> 相对论认为，你运动得越快，时间过得越慢。当你达到光速时，时间就会完全停止。

微观世界理论

微观世界理论
术语

阿尔法粒子 由放射性物质释放的无形粒子。阿尔法粒子内部包含两个质子和两个中子，带两个单位的正电荷。

布朗运动 微粒永不停息地做无规则运动的现象，例如空气中的烟尘粒子。这种运动是由看不见的原子与看得见的物体经常碰撞形成的。

维度 描述一个物体或事件的基本度量方法。人们已经知道四种维度——长度、宽度、高度和时间，但是，科学理论常常囊括多重维度，而这些维度只能通过数学来进行感知和描述。

电磁学 研究使电子定向流动形成电流的力与磁铁产生的力之间的关系。电磁力是自然界四种基本力的一种，与物体所带电荷量有关。异性电荷相互吸引，同性电荷相互排斥。电磁力决定了原子的内部结构，使多个原子聚在一起组成构成宇宙的多种物质。

电子 即原子中带负电荷的微小粒子。电子在金属中定向流动形成电流。电子也参与化学反应，使原子联结在一起。

电子显微镜 用电子束代替可见光将微小物质成像的显微镜。

元素 原子由质子、电子和中子这些更小的粒子构成，在不同的原子中，这些粒子构成方式截然不同，赋予了每一种原子特定的物理和化学性质。仅由同一种原子构成的物质称为元素。地球上大约有90种元素，例如金、硫、氧、氢等。水由氢和氧两种不同的原子构成，因而水不算元素。

作用力 能量从一个物体传递到另一个物体的现象。四种基本力将整个宇宙结合在一起，并使物质互相结合或分离。这四种基本力是万有引力、电磁力、弱核力和强核力。万有引力是四种基本力中最弱的作用力，但其作用距离最长——它孕育出恒星，使行星沿轨道运行。相反，强核力是这四种力中最强的作用力，但其作用距离最短，只有原子直径的几分之一。

力学　物理学的分支之一，主要研究力和物体的运动。日常生活中，力学遵循牛顿三大运动定律。然而，在量子力学领域，这三大运动定律不再适用，物理学家用概率来描述粒子的运动、位置和其他性质。

微观世界　在最小的尺度上反映系统的运转，亦称小宇宙。

中子　原子核中的亚原子粒子。

原子核　位于原子中心，内含质子，通常情况下也包括中子。质子使原子核带正电荷，从而吸引相同数量的电子围绕原子核运动，原子核和电子共同构成原子。原子中绝大部分的质量都集中在原子核上。

光子　用来传递电磁相互作用的能量载体。例如光、热和X射线的辐射，都属于光子波。辐射的命名取决于光子中所携带的能量的高低。无线电波中光子携带能量较低，而X射线和伽马射线中光子携带能量最高。光和热辐射的光子携带能量的大小位于上述两种之间。

概率　描述可能性的大小。

质子　原子核中带正电荷的亚原子粒子。

量子　不能再细分的最小单位。量子携带能量。

放射性　放射性是指某些原子十分不稳定，难以保持完整的特性。这类原子容易分裂或衰变，释放出高速运转的微小粒子，形成辐射。

半导体　既可以用作导体又可以用作绝缘体的物质，半导体常常用作电脑和电子器件中的微型开关。

强核力　将原子核中的质子和中子束缚在一起的作用力。

远距传物　通过将一个固体物体分解再在另一个地方用新原子重新组合的传输物体的方法。

弱核力　放射性衰变过程中，原子核放射出特定粒子所涉及的力。

原子论

the 30-second theory

原子论最早由希腊哲学家德谟克利特在公元前5世纪提出，他认为世界万物从根本上都是由微小、坚硬、不可再分的粒子构成。德谟克利特称这些粒子为原子，并认为虽然原子形状和大小不同，但均由同一种基础物质构成。

关于物质的现代科学理论认为，宇宙间一切物质都是由不同的化学元素组合而成。一种元素包含有无数个完全相同的子单元，或者说原子。不同元素的原子内部构造完全不同，这赋予了元素不同的性质和特征。例如，氧原子和金原子内部构造就完全不同。

近代原子论始于19世纪初，英国化学家约翰·道尔顿是这个领域的先驱。然而，直到1905年，爱因斯坦才在其著名的关于布朗运动的论文中用数学的方法证明了原子的存在。几年之后，欧内斯特·卢瑟福在实验中用α粒子撞击一片很薄的金箔，成为世上第一个观察到原子内部的人。卢瑟福发现每个原子内部都包含一个很小的带正电的原子核，而原子核周围有更小的、带负电的电子绕其运动。

相关理论
量子力学　26页
不确定性原理　28页
量子场论　34页

3秒钟人物
德谟克利特
DEMOCRITUS
约公元前460 —
公元前370

约翰·道尔顿
JOHN DALTON
1766 —1844

阿尔伯特·爱因斯坦
ALBERT EINSTEIN
1879 —1955

欧内斯特·卢瑟福
ERNEST RUTHERFORD
1871 —1937

本文作者
吉姆·艾尔-哈利利
Jim Al-Khalili

3秒钟灵光一现
从深层次来说，宇宙万物都由同一类基本单位以不同方式构成。

3分钟奇思妙想
今天，原子论已经不仅仅是一种理论，而是一个不容否认的事实。我们现在不仅可以用电子显微镜观察到单个原子，甚至可以用激光捕获并移动原子。因此，我们今天所谈论的原子论并不是那个声称世界万物都由原子构成的理论，而是描述原子行为和相互作用的理论，这就进入了量子力学的范畴。

过去、现在以及将来，你看到的一切事物都是由原子构成的——连你自己也不例外。

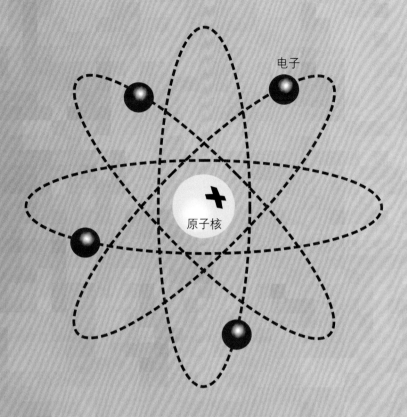

电子

原子核

> 虽然我们无法呈现原子内部构造，但是一般都把原子描述成中间是一个小的原子核而周围的电子绕其高速运动的模样。

量子力学

the 30-second theory

相关理论
不确定性原理　28页
薛定谔的猫　　30页
量子场论　　　34页

3秒钟人物
马克斯·普朗克
MAX PLANCK
1858—1947

阿尔伯特·爱因斯坦
ALBERT EINSTEIN
1879—1955

尼尔斯·玻尔
NIELS BOHR
1885—1962

沃纳·海森堡
WERNER HEISENBERG
1901—1976

保罗·狄拉克
PAUL DIRAC
1902—1984

3秒钟灵光一现
量子理论的创建者之一尼尔斯·玻尔曾说过："如果你没有被量子力学吓一跳，那是因为你根本还没有理解它！"

3分钟奇思妙想
量子力学大概是物理学中最重要的理论。虽然这个理论十分难以理解，但是几乎一切现代科技都基于这个理论。量子力学解释了原子构成分子的方式、半导体的工作原理以及激光的运作方式。没有量子力学，就不会有电脑、MP3、手机、挽救万千生命的医疗技术和设备等。

量子力学是关于亚原子世界的一个极为怪异又极具影响力的理论。在亚原子世界中，日常的关于力和运动的概念都不再适用。因此，我们需要一种基于"量子"原则的新力学。20世纪初，量子力学首次由德国物理学家马克斯·普朗克提出，普朗克认为能量存在于叫作"量子"的微载体中。在20世纪20年代，阿尔伯特·爱因斯坦、尼尔斯·玻尔、保罗·狄拉克、沃纳·海森堡以及其他一些物理学家对量子力学进行了进一步的发展扩充。

然而，量子力学虽然取得了巨大成功，但该理论仍然笼罩在神秘之中。因为，作为科学理论领域中独一无二的理论，没有人知道量子力学是如何运作以及为何这样运作。量子力学对微观世界做出的预测完全与我们的常识相反。例如，该理论认为，在我们去检测原子的确切位置之前，原子可以同时位于多个位置。再例如，在我们确定电子的旋转方向前，电子可以同时顺时针、逆时针旋转。这些性质，以及许多其他的奇怪性质，并不是因为这个理论本身存在问题，它们只是简单地描述了微观世界里大自然的运作方式——也许并不是那么简单，这就取决于你怎么看待这一问题了。

本文作者
吉姆·艾尔-哈利利
Jim Al-Khalili

量子力学并不会给出明确的答案。例如，量子力学预测亚原子粒子能同时以多个不同的状态存在。

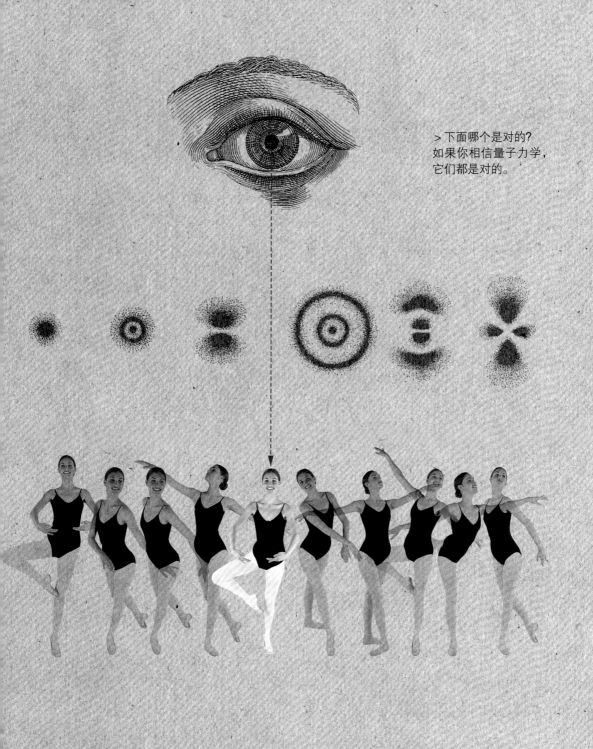

> 下面哪个是对的?
如果你相信量子力学,
它们都是对的。

不确定性原理

the 30-second theory

3秒钟灵光一现
你越想束缚一个亚原子粒子，这个粒子就运动得越快越疯狂，并极力想要脱逃。

3分钟奇思妙想
不确定性原理常常被误解为我们用来探测亚原子世界的仪器是笨重而不精确的。事实上，该原理有力地说明了微观世界中自然的运作规律，并且产生许多重要结论。例如，正是太阳中的氢原子核聚变才产生了光和热，所以如果没有该原理，太阳就不会发光。

海森堡不确定性原理描述了量子（如原子和原子内部更小的粒子）的活动规律。不确定性原理由沃纳·海森堡于1927年提出，并以他的名字命名。该原理称，电子的位置和速度无法同时被确定。理论上讲，我们可以精确测出电子的速度和位置，但是同一时间我们只能确定二者中的一个。这并不是因为我们未能完全理解大自然的运作，也并不是因为电子太过微小，而恰恰是由电子的本性所导致的。实际上，这根本与我们无关。电子本身并没有确切的位置和速度。我们能做到的就是确定电子最可能出现的区域。

我们还可以从能量和时间的角度来表述这个原理。我们能够精确测量粒子的能量，只要我们不在意粒子何时携带此能量。相反的，如果我们确定了测量的时间点，那么我们就不能测出当时粒子所携带的能量。

相关理论
原子论 24页
量子力学 26页
薛定鄂的猫 30页
平行宇宙 116页

3秒钟人物
沃纳·海森堡
WERNER HEISENBERG
1901 —1976

本文作者
吉姆·艾尔-哈利利
Jim Al-Khalili

根据不确定性原理，检测亚原子粒子的时候，我们知道的很有限。

> 你现在在哪里，你曾
去过何处，你又要去往
何方？你永远不可能得
到确切的答案。

薛定谔的猫

the 30-second theory

20世纪30年代中期，奥地利物理学家埃尔温·薛定谔提出了一个思想实验，来凸显量子力学的怪异性质。这个思想实验是这样的，一个盒子里面放入一只猫、一些致命毒药以及一个放射源。量子力学认为，在给定时间内，除非我们确认放射性原子的状态，否则我们不能断言放射性原子是已经分裂还是衰变，因此这种情况必须描述成放射性原子同时处于衰变和未衰变两种状态。只有在我们确认情况的时候，这两种状态原子才必居其一。

在薛定谔的盒子里，试验被设计成衰变的原子会发射出一个粒子去触发释放毒气的装置，从而杀死这只猫。薛定谔指出，猫同样是由原子构成的（虽然有数万亿个原子），因此猫也适用于量子力学。所以在我们打开盒子确认猫的状态前，猫必须描述为同时处于"活的"和"死的"这两种状态。只有我们打开盒子，我们才能迫使盒子里的一切进入一种或另一种状态。

3秒钟灵光一现
既然原子可以同时做两件事，而猫是由原子构成的，因此在同一时间里，猫可以同时处于"死"和"活"两种状态。

3分钟奇思妙想
薛定谔认为量子力学存在缺陷，因为在现实生活中猫不可能同时处于"死"和"活"两种状态。有观点认为，在我们打开盒子之前，量子力学没有说明猫的感受如何，我们只能用量子力学计算这只可怜的猫活着或死亡的概率。或者，在打开盒子的一瞬间，宇宙分裂为两个，在一个宇宙中猫是活的，而在另一个宇宙中猫是死的。

相关理论
不确定性原理　28页
量子纠缠　36页
平行宇宙　116页

3秒钟人物
埃尔温·薛定谔
ERWIN SCHRÖDINGER
1887 — 1961

本文作者
吉姆·艾尔-哈利利
Jim Al-Khalili

薛定谔用盒子里的猫这一思想实验与阿尔伯特·爱因斯坦进行讨论。这个实验也帮助我们更好地理解量子力学。

> 试验组成：一只猫，放入密闭盒中。

> 下一步，将这个盒子与一个装有致死毒药的烧瓶连接，瓶中的有毒物质可由放射性粒子触发。小心放入一片放射性金属，这一金属有50%的可能性释放出粒子。

> 请遏制住看盒子内部的冲动。现在，盒子里有两只"半个猫"，一半是活的，而另一半是死的。

1918
出生于纽约

1939
毕业于麻省理工学院
（MIT）

1943
加入曼哈顿计划，研制
原子弹

1950
成为加州理工学院的物
理学教授

1965
荣获诺贝尔物理学奖

1986
参加调查挑战者号航天
飞机失事事件的委员会

1988
于洛杉矶逝世

人物传略：理查德·费曼

RICHARD FEYNMAN

理查德·费曼与其众多同事重塑了人们理解量子物理的方式，量子物理是关于极微小粒子世界的理论，而宇宙万物正是由这些粒子构成的。和所有杰出的科学家一样，费曼是一个思想自由、见解独到的人，他在物理学上取得突破并因此获得诺贝尔奖，并闻名于世。此外，费曼的小手鼓还打得十分出色，为世人津津乐道。

理查德·费曼于1918年出生于纽约。费曼一直是个尖子生，在麻省理工学院上大学时，他所做的关于分子内部力的研究就引起了全世界物理学家的注意。

1941年，费曼来到普林斯顿大学。在那里，费曼和约翰 A. 惠勒（在其他研究中惠勒引入了"黑洞""虫洞"等术语）提出一种新的理论，即"量子电动力学"，这一理论是从粒子运动的角度描述电磁场。而在此之前，物理学家仅仅把电磁场看作是波。

在普林斯顿大学期间，费曼参与到核武器的早期研制之中。1943年，费曼进入位于新墨西哥州的洛斯阿拉莫斯国家实验室，成为曼哈顿计划中最年轻的成员。在此期间，他协助计算了原子弹的爆炸威力，并建立了早期的计算机系统，用来分析计划中涉及的大量数据。

1950年，费曼成为加州理工学院的一名教授。在加州理工学院任教期间，他和默里·盖尔曼合作，共同描述说明了原子内部的弱作用力。这项研究解释了放射性原子的分裂或衰变的过程。

在加州理工学院期间，费曼讲授的课程启发了新一代的粒子物理学家。同时，他的著作涉及众多领域，深受大众喜爱。费曼一直在加州理工学院任教，直至1988年去世。

量子场论

the 30-second theory

物理意义上的"场"指的是一种空间，这个空间中的物体会受到某种物理影响，例如重力场和磁力场则是场的两个代表。场论描述了场的作用，以及场内的物体和场之间的相互作用。

20世纪20年代晚期，量子力学的创建者之一保罗·狄拉克发表了多篇论文，以阐释量子论如何与詹姆斯·克拉克·麦克斯韦的电磁场论以及爱因斯坦的狭义相对论相结合。第一个"粒子化"的场理论就此诞生，这一理论描述了电子与光子之间的相互作用。

在初期，量子场论的研究形势一片大好，但在20世纪30~40年代，量子场论却因为数学难题举步维艰。1949年，这些问题最终得到解决。当时的物理学家，包括著名的理查德·费曼，提出了量子电动力学，英文简称为QED。不久，这一理论将电磁力与弱核力——自然中的四种基本作用力中的另外一种——联系在一起，形成了电弱统一理论。科学家又提出单独的量子场论（量子色动力学）以描述强核力。到目前为止，只剩下第四种也是最后一种自然基本作用力——万有引力——未曾量子化。

3秒钟灵光一现
量子场论十分精确，如同测量从伦敦到纽约的距离，其误差不超过一根发丝的直径。

3分钟奇思妙想
世界万物从根本上都可以用量子场论来解释——一切物体都由原子构成，原子通过电子之间的相互作用结合在一起。这些相互作用归根结底是由于电子之间的电磁力，而电磁力的形成则是由于光子之间的相互交换。因此，我们可以这么说，量子场论支撑起了绝大部分物理学、全部化学进而全部生物学。

相关理论
电磁学　16页
原子论　24页
量子力学　26页
不确定性原理　28页

3秒钟人物
保罗·狄拉克
PAUL DIRAC
1902 — 1984
詹姆斯·克拉克·麦克斯韦
JAMES CLERK MAXWELL
1831 — 1879
理查德·费曼
RICHARD FEYNMAN
1918 — 1988

本文作者
吉姆·艾尔-哈利利
Jim Al-Khalili

量子场论中，匪夷所思的量子物理定律不仅仅适用于固体粒子，还同样适用于自然中描述基本作用力的场。

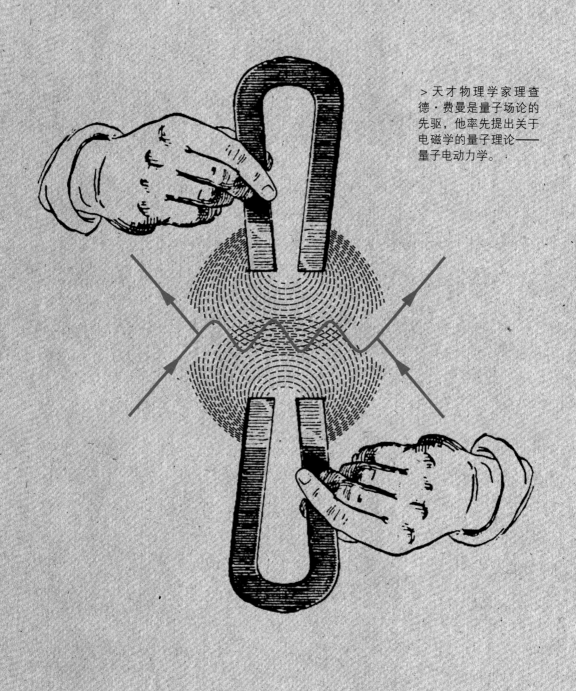

量子纠缠

the 30-second theory

这个理论理解起来可一点都不容易！当两个量子，例如电子或光子，相互作用时，二者的量子态（描述量子性质的数学信息）会结合，或相互纠缠。因此，无论未来这两个量子分隔多远，二者的命运仍然是相互交织在一起的。这一点或许并不奇怪，因为接下来这一点大家很容易理解，拥有共同过去的两个实体在相互作用时，二者的性质会相互影响。以后当我们检测这些粒子时，我们仍然可以观察到这些粒子相互作用的影响。

然而，纠缠要比上面说的这些奇怪得多！在量子的世界中，同一个实体可以同时表现出两种或多种互相矛盾的性质，例如量子可以同时绕两个完全相反的方向旋转，这就称作是"叠加"。现在，如果一个光子与另一个光子纠缠，这个光子的叠加态将会"传染"另一个光子，最终二者都将处于叠加态。然而，一旦我们开始观察二者中的任意一个，我们观察的这种行为就构成了测量，迫使光子决定其旋转方式。由于这一光子与远方的另一光子相纠缠，我们同样迫使另一个光子做出同样选择。即使二者相隔万里之遥，这两个行为仍能够瞬时发生。

相关理论
不确定性原理　28页
平行宇宙　116页

本文作者
吉姆·艾尔-哈利利
Jim Al-Khalili

3秒钟灵光一现
在亚原子实验中，一个粒子的命运是如何立刻影响到处于宇宙另一端的另一个粒子的命运的呢？

3分钟奇思妙想
虽然量子纠缠看上去像是空洞的理论和让人不知所云的哲学术语，但它确实协助创造了若干令人振奋的新兴技术，例如量子计算、无法破解的密码，甚至还有量子远距传物。即使这样，量子纠缠仍让人难以理解、难以置信，而如何解释纠缠取决于你如何解读量子力学。说到这里，你糊涂了么？

即使亚原子粒子相距甚远，但仍彼此相互关联。我们以后能够解开量子纠缠吗？

光子1   光子2

> 总有一天，量子纠缠能够远距离传送物体，甚至是人类。

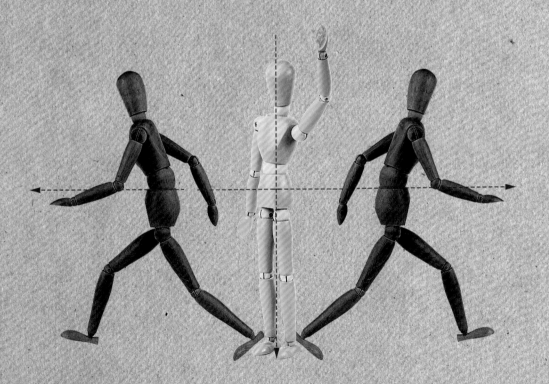

统一理论

the 30-second theory

统一理论试图用一个单一的理论框架描述自然中四种基本作用力以及所有基本粒子之间的关系。在物理学中，我们通常用能传递或传导粒子间相互作用的场，来描述作用力。这些统称为场理论。例如，1915年，阿尔伯特·爱因斯坦提出广义相对论，这一理论就是关于万有引力的场理论。在亚原子层面，有量子场论来描述场，量子场论把量子力学的观点应用到基础场中，而基础场与电磁力、弱核力和强核力这三种基本作用力相关联。

目前，研究者的目标就是探索量子色动力学（强核力的场理论）和电弱统一理论（描述电磁力和弱作用力的理论）能否统一。这个结果就是所谓的"大统一理论"，英文简称为GUT（Grand Unified Theory）。然而，即便一个成功的GUT仍将不能囊括万有引力。问题在于物理学家们仍然不知道如何建构一个行之有效的关于爱因斯坦万有引力理论的量子场论。弦理论是"万物之理"的候选理论之一，但是要验证这一理论是否正确，我们还有很长的路要走。

3秒钟灵光一现

理论物理学家们对于单一的万物之理十分向往，这个理论最好能够归结为一条简单的方程，可以印在他们的T恤上。

3分钟奇思妙想

在将近100年的时间里，物理学家们一直致力于探索统一理论。在爱因斯坦生命最后的30年里，他试图把万有引力理论与电磁学统一起来，当时人们甚至还没有发现两种核作用力，然而他最后也未能成功。现在我们确切知道的是，要想统一所有的作用力，我们需要一个多于四个维度的理论。这就解释了为什么呼声最高的统一理论——弦理论囊括了十个维度，九个空间维度，一个时间维度。

3秒钟人物

阿尔伯特·爱因斯坦
ALBERT EINSTEIN
1879 — 1955

本文作者

吉姆·艾尔-哈利利
Jim Al-Khalili

宇宙万物息息相关——说起来容易，证明起来难。

> 历史上很多伟大的科学家都曾试图找出"万物之理"，然而都无一例外地失败了。

人类进化

人类进化
术语

抽象 与虚构或知识性的事物相关。不能直接地触摸或以其他物理方式感知，但是人类可以通过语言来交流抽象概念。

利他主义 自私的反面。人类社会鼓励利他行为，例如慈善工作。这是因为从长远来看，利他行为可以使每个人的生活变得更好。与此相似，利他主义也体现在动物之间的关系中。狐獴轮流值班警惕危险，并在有外敌袭击时向同伴发出警告；狼互相照顾幼崽；狮子结群出猎，并和整个群体共享食物。进化论告诉我们，从长远来看，行为无私的动物的基因有利于整个种群的发展。

氨基酸 由碳原子、氢原子、氧原子和氮原子构成的一种化学物质。氨基酸是蛋白质的基本组成单位，呈长链条状排列，首尾闭合形成蛋白质清晰的形状。蛋白质常常被描述为肌肉或肉类中的物质，但是实际上蛋白质可以说是生命的机床。每一个人体细胞都用数百种蛋白质来生产和加工维持人类生命的化学物质。

无神论者 无神论者不相信神的存在。无神论者和不可知论者有略微的不同。不可知论者认为人类不可能知道神是否存在——因此他们就不再关注这一点。

生态学 研究野生动植物及其生活环境的一门科学。生态学家在观察生物体的生活状态时，通常会从影响这个生物生存的因素出发进行研究，包括食物的供给、气候以及这个生物栖息地的其他所有动植物和生命体的活动。生态学还描述同种生物之间通过竞争或合作以控制资源时个体与个体之间的联系方式。同时，生态学还勾勒出物种之间的关系，并构建出生态系统这一模型。

遗传学 研究基因的一门科学。基因主要有两种定义。一种定义认为基因是遗传单位，这一定义与我们今天最常用的基因意义最为相近。如果人们说他们有红头发的基因，我们都知道他们的意思是他们从父母那里继承了这种特征，并会遗传给他们的孩子。然而，这种定义并没有具体告诉我们到底是哪种物理因素导致了红色头发。另一种定义认为基因是DNA序列。DNA是一种复杂的化学物质，以编码的形式记录了生物体发育的蓝图。而基因是一段携带遗传信息的DNA片段，它能在细胞中得到表达，并构成细胞的一部分。遗传学家的工作重点之一就是，通过确定不同的DNA序列表达的可观测性状的不同，来确认基因这两种定义之间的关系。

人属　像人类一样的动物所属的种族。今天，只有一种人类存活了下来，然而过去还曾有过其他种类，包括"能人"（手巧之人）和"直立人"（也称为"直立猿人"）。而我们自己的学名叫"智人组"，意思是"有智慧的人"。

假设　一组未经实验证明的观点。如果实验不能证明假设中包含的观点是错误的，那么这一假设就升级为理论。在新的理论出现并推翻这一理论之前，这一理论会被认为是正确的。科学家们运用这些理论提出新的假设，来发现更多的真理。

生物前化学物质　生命体出现前（至少是在地球上）就已经存在的化学物质。生命体由几类化学物质构成，部分化学物质十分复杂，但大部分化学物质构成相对比较简单，例如糖和氨基酸。今天，我们或许可以假定，自然中存在的这些物质是通过某种生命过程制造出来的。然而，在宇宙中我们也发现了这些物质。人们通常认为，第一个由这些生物前化学物质构成的生命体诞生于"原始汤"。当前主要理论认为，这些化学物质通过纯粹的化学反应产生。但是也有人认为，他们或许来自于太空。

心理学　一门研究人类心理的科学。注意不要把心理学与心理分析学相混淆，后者更为客观。

孢子　一种微小的类似种子的结构体。孢子能够发育成完整的新个体，或是繁殖形成单细胞生物的族群，例如细菌。某些细菌在发育过程中有一段孢子时期，在这段时期内，细菌由包囊包裹，包囊外有一层坚硬的物质来保护内部的细胞，但这层物质却无法抵抗最强效的杀菌技术。另外一些能产生孢子的生物包括菌类、蕨类以及一些寄生动物，例如肠寄生虫。肠寄生虫的卵细胞如同孢子化的包囊一样坚硬。

领域性　动物对控制区域或家园区域的占有行为。领地为动物提供了食物和居住地。

泛种论

the 30-second theory

一个世纪以前，瑞典人斯凡特·阿伦尼斯指出，以孢子形式存在的生命能够在太空中存活，并且能够从一个行星系统传播到另一个行星系统。阿伦尼斯认为，孢子通过随机运动脱离一颗行星的大气层，在由星光释放出的微弱但持续的辐射压力的推动下，在星际间四处传播。基于这一论点，有人提出"定向泛种论"，认为可能有智慧生物体故意四处传播孢子。

"泛种论"的现代版本开始于人们在星际云中观测到生物前化学物质。似乎可以确定的是，诸如氨基酸之类的生物前化学物质散落到年轻的地球上，接着便开启了生命的演变历程。一些研究者，特别是已故的福雷德·霍伊尔和钱德拉·维克拉玛辛赫，认为不仅复杂的有机物质可能来自外太空，甚至完整的活的生物体——虽然有可能只是细菌——或许已经在宇宙的灰尘颗粒表面得到进化，并随着彗星的撞击到达地球。"弹道泛种论"的可能性也是存在的，一颗行星上的岩石受到撞击，飞入太空并抵达另一颗星球，上面的生物体也随之到达新星球。在地球上人们发现了来自火星表面的陨石，这意味着我们可能都是由火星上的小虫子进化而来。

相关理论
自然选择　　46页
人择原理　　110页

3秒钟灵光一现
地球上的生命可能源自外太空飞来的孢子。

3分钟奇思妙想
在20世纪60年代，天文学家托马斯·戈尔德指出，一些通过太空旅行的探险家在到达地球后，或许偶然地留下了一些污染物。他猜想，这些探险家在地球上进行了一次野餐，留下了一点糕饼屑。卡尔·萨根认为，在这种情况下，"一粒原始糕饼屑中的微生物或许就是我们一切生物的祖先。"

3秒钟人物
斯凡特·阿伦尼斯
SVANTE ARRHENIUS
1889 — 1927

福雷德·霍伊尔
FRED HOYLE
1915 — 2001

钱德拉·维克拉玛辛赫
CHANDRA
WICKRAMASINGHE
1939 —

本文作者
约翰·格里宾
John Gribbin

地球上的生命真的是来自外太空吗？地球上的孢子会不会传播到其他世界去播种生命呢？

> 正如种子随风传播一样，有人认为，地球上的生命源自外太空飞来的岩石上的化学物质。

自然选择

the 30-second theory

在一个因感染细菌而喉咙痛或耳朵痛的病人体内，细菌正通过这些身体部位四处传播。我们用抗生素来治疗这种疾病，小剂量的抗生素就能抑制大部分细菌的繁殖，感染也就几乎完全消除。然而几天后，病人或许会重新感染，这是因为具有抗药性的细菌取代了被抗生素杀死的细菌。细菌群体从对药物敏感到对药物具有抗性，就是一个速度较快的自然选择的案例。细菌将抗药性遗传给下一代，最终所有的细菌都具有了抗药性。

这一过程存在于所有能通过繁殖将自己的性状遗传给下一代的生物群体中。然而，重要的是在这一过程中会发生十分微小的偏差，这确保了每个个体的独特性。在受感染的病人体内，具有抗药性的细菌比易受药物影响的细菌更易于繁殖。

通常，生物进化所用的时间更长，但是细菌群的变化过程和35亿年间地球上生物的进化历程规律完全相同。自然选择确保了生物能适应不同的生存环境，同时也确保了生物能够在主要生存环境发生变化时继续进化。

相关理论
自私的基因　48页
模因论　132页

3秒钟人物
查尔斯·达尔文
CHARLES DARWIN
1809—1882

阿尔弗雷德·华莱士
ALFRED WALLACE
1823—1913

本文作者
马克·里德利
Mark Ridley

3秒钟灵光一现
生活环境塑造生物体，这就解释了为什么海豚长得像鲨鱼而不是骆驼。

3分钟奇思妙想
自然选择理论由查尔斯·达尔文和阿尔弗雷德·华莱士分别独立提出，但是由达尔文在1859年首先发表。自然选择理论不仅给生物学带来了巨大变革，而且人们的思想也受到了颠覆，因为其间接否定了传统的创世故事和上帝的存在。今天，我们通常从基因层面对进化生物学进行研究。一个生命体的每一种形式、功能和行为在今天都可以从"自私的基因"的角度进行解释。尽可能多地复制基因——这是生命的唯一目的。

自然选择认为，物种进化是为了克服环境提出的挑战。

> 自然选择的进化论对于宗教来说是致命一击。该理论充分地解释了复杂生物体的出现，而在此之前人们一直认为这些都是造物主创造的。

自私的基因

the 30-second theory

生命体具有的特质通常对拥有这些特质的个体有益。当猫捕食老鼠时，猫的感觉系统（眼睛、胡须等）、肌肉、爪子以及消化系统开始运作，从而使猫可以获取食物而继续存活。这些特质是通过自然选择过程进化形成的。因此，自然选择似乎促使生物体产生对自身有利的调整。然而，同种生物体之间有时又会表现出利他性——一个个体为另一个体的利益牺牲自我。从表面上看，利他主义似乎与自然选择截然相悖，但是通常来讲，生物体的这种牺牲行为"对整个物种有利"。但是现在还没有机制能从整个生物体层面来解释自然选择。如果我们从基因如何从利他行为中受益这一角度来观察，我们就能更好地理解这种行为。近亲，例如一对姐妹，至少拥有部分相同基因。姐妹中的一个或许为了另一个的生存而牺牲自己，那么去世的一方就不能把基因遗传下去。然而，她与存活下来的一方相同的基因却不受她的死亡影响而能继续传递下去，因此这种牺牲行为仍然对"自私的基因"是有利的。当然，牺牲生命是利他主义的一种极端形式。大多数的动物通过警告同族危险和分享食物来帮助同族共同生存下去。然而，在某些生态群中，自杀性防御是一种常态，例如，蜜蜂会叮刺对蜂巢构成威胁的物体。蜜蜂进攻后便会死亡，但是她们的姐妹将会存活下去。

3秒钟人物
理查德·道金斯
RICHARD DAWKINS
1941 —

本文作者
马克·里德利
Mark Ridley

3秒钟灵光一现
我们的存在仅仅是为了携带基因，并尽可能多地复制它们。

3分钟奇思妙想
1976年，理查德·道金斯出版了《自私的基因》一书，从此，自私的基因这一理论开始进入大众视野。从那时起，道金斯就因作为一位直言不讳的无神论者而备受争议。自私的基因这一理论也常常被道金斯用来批判神学。多年来，他一直致力于阐释基因与其所表达特性之间的关系。与人们广泛接受的观点不同，基因特性的表达并不完全由基因来决定。实际上，基因最终特性的形成是基因组分与环境综合作用的结果，也就是人们常常讨论的先天与后天反复平衡后的产物。

20世纪60年代，自私的基因理论开始流传，但早在19世纪，小说家萨缪尔·巴特勒就对这一理论进行了总结。他这样说道："先有鸡还是先有蛋？鸡不过是鸡蛋产生鸡蛋的手段罢了。"

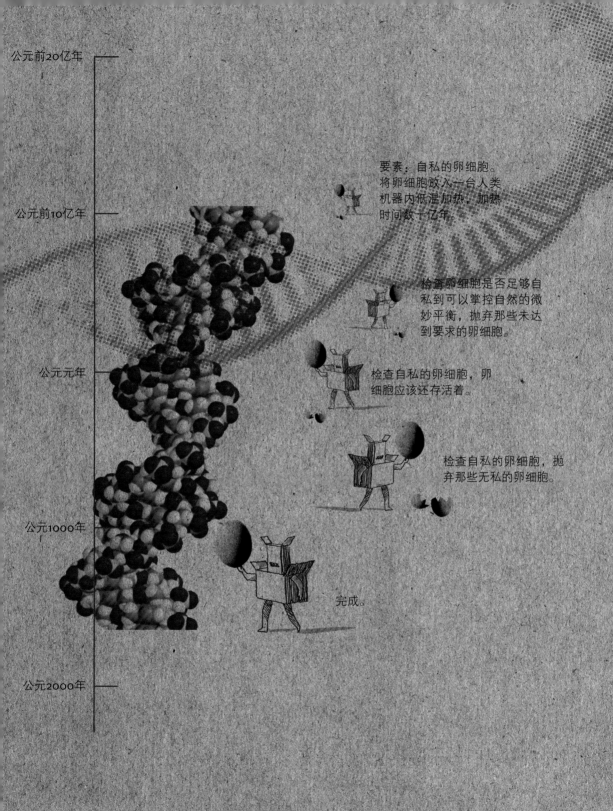

公元前20亿年

公元前10亿年

公元元年

公元1000年

公元2000年

要素：自私的卵细胞。
将卵细胞放入一台人类
机器内低温加热；加热
时间数十亿年。

检查卵细胞是否足够自
私到可以掌控自然的微
妙平衡，抛弃那些未达
到要求的卵细胞。

检查自私的卵细胞，卵
细胞应该还存活着。

检查自私的卵细胞，抛
弃那些无私的卵细胞。

完成。

人物传略：
查尔斯·达尔文
CHARLES DARWIN

科学家们都有自己的最爱和心目中的英雄，这在他们年轻的时候给予他们激励和灵感。然而，对于普通人来讲，较之其他科学成果，达尔文自然选择的进化论更多地改变了他们看待世界的方式。

1809年，查尔斯·达尔文出生在一个显赫的家庭。达尔文的外祖父是约西亚·韦奇伍德，他通过大批量地生产精美瓷器而发家致富。达尔文的祖父是伊拉斯摩斯·达尔文，是一位嗜酒如命的医生，同时也是一位诗人。18世纪90年代，伊拉斯摩斯自己编写了一部关于进化论的书籍。伊拉斯摩斯认为，动物的外形受到环境的直接影响。这一观点经让-巴蒂斯特·拉马克扩充，形成现在广为人知的拉马克学说。

查尔斯·达尔文16岁时就被送入爱丁堡大学学医。在那里，达尔文对拉马克学说、地理学家亚历山大·冯·洪堡和地质学家查尔斯·莱尔的工作成果产生了浓厚的兴趣。

洪堡和莱尔认为，地球的年纪实际上要比预想的老得多。

1831年，达尔文自费乘坐英国海军"小猎犬号"舰航行，沿南美洲海岸线进行实地考察。18个月海上航行的所见所闻启发达尔文提出自然选择的进化论。然而，直到19世纪50年代末，达尔文始终没有公开发表这一理论。1858年，当时达尔文正忙于撰写这一领域的书籍，他收到了一封来自博物学家艾尔弗雷德·华莱士的信件。他获悉，华莱士在印度尼西亚工作时就提出了一个与进化论相似的理论。这促使达尔文于次年出版《物种起源》一书。这本书撼动了整个科学界。然而，达尔文回避了公众对其理论的热烈讨论。他选择离开舆论漩涡，回到肯特郡的道恩居住。在那里，达尔文笔耕不辍，撰写了另外几部书籍，主要是关于育种策略和情感作用的内容。1882年，查尔斯·达尔文与世长辞。

拉马克学说

the 30-second theory

每一个生物体在出生时都具有某些特性，并在生命过程中获得其他特性。生物体后天获得的特性包括：身体的残缺，例如疾病留下的凹痕及愈合的伤口留下的疤痕；健身的功效，例如通过运动获得强壮的肌肉；学习技巧，例如阅读的能力。从人类思想有记录开始，人们广泛认为后天获得的性状能够遗传给后代。关于这一点，一个最常引用的例子就是肌肉发达的铁匠往往生养出强壮的孩子。

这一点也在古希腊柏拉图的著作中有所体现。19世纪，在达尔文提出进化论之前，法国生物学家让-巴蒂斯特·拉马克提出后天获得性性状可以遗传的进化理论。拉马克观点的一个著名例子是关于长颈鹿的。世世代代的长颈鹿为了吃到树上的树叶，一点一点地伸长脖子。如果每一个长颈鹿个体后天形成的长脖子都遗传给后代，那么随着时间的推移，长颈鹿的脖子将进化得更长。19世纪，生物学家依然相信后天获得性性状能够遗传给后代。虽说拉马克的姓名与后天获得性性状遗传联系在一起是历史的偶然，但是这个名字已经无法更改了。

相关理论
自然选择　46页

3秒钟人物
柏拉图
PLATO
约公元前428 — 公元前348

让-巴蒂斯特·拉马克
JEAN-BAPTISTE LAMARCK
1744—1829

本文作者
马克·里德利
Mark Ridley

3秒钟灵光一现
健美运动员会生育出全身长满肌肉的孩子吗？

3分钟奇思妙想
在20世纪大部分时间里，拉马克学说就是一个伪科学的代名词。拉马克是科学史上为数不多的几位不幸者之一，他们因犯了重大错误而被人们铭记。然而，我们或许不应言之过早。关于细胞分裂的新研究显示，非遗传因素能随基因一同由母细胞遗传给子细胞。这些非遗传因素是细胞后天获得的吗？这些因素在某种程度上会影响新细胞？这么多年过去了，我们找到解释拉马克学说的机制了吗？

如果草不够吃，那就吃些树叶试试吧，拉马克认为这可以解释长颈鹿进化出长脖子。但事实并非如此。

> 为了成功地吃到树叶，长颈鹿就必须奋力地伸长脖子。如果这只中等大小的长颈鹿不努力的话，那它将会挨饿。

脖子的增长

第1代　　　第2代　　　第3代

非洲起源说

the 30-second theory

本文作者

马克·里德利

Mark Ridley

3秒钟灵光一现

今天的人类拥有共同的祖先，他们生活在10万年前的非洲。

3分钟奇思妙想

根据"非洲起源说"，在现代欧洲人的宗谱中，尼安德特人是十分偏远的一支。虽然从大约20万年前到3万年前这段时间内，欧洲大陆一直由尼安德特人占领，但是尼安德特人的基因未能在现代欧洲人中占有一席之地。令人吃惊的是，从某些深度冷冻的尼安德特人化石中提取出的基因与现代人体内的基因完全不同。针对人类起源这一长期争论不休的问题，遗传学再次给出了明确的答案。

大约600万年前，人类的祖先从类人猿中分离出来。从那时起到约200万年前，人类的祖先一直生活在非洲。接着，一些叫作直立人的类人猿从非洲迁移到欧洲和亚洲，并在当地定居下来。差不多3万年前，直立人及其后代占领了欧、亚、非三个大陆，在欧洲他们被称为尼安德特人。人们通过研究这些化石发现现代人类的身体构造与原始人十分不同，尤其是大脑的形状。那么问题是，现代人类是由原本就生活在欧、亚、非大陆的原始人进化而来的，还是起源于同一个生活在非洲的祖先呢？前一种称为"多地起源说"，而后一种认为，现代人类的祖先是来自非洲的原始人，这些原始人在第二波迁移潮中走向世界各地，并消灭了当地的土著原始人。然而从化石来看，我们并不能得出确切结论。到了20世纪80年代，遗传学的证据出现了。如果多地起源说成立，从基因上看大约在200万年前，现代人类应该拥有共同的祖先。然而，实际上，现代人类基因之间的差别微乎其微。这表明了我们共同祖先的生活年代距今要远远小于200万年，更有可能是10万年。在那段时间里，进化只让我们的DNA发生了微小的变化。所有这些证据都证明现代人类的祖先都来自非洲。

遗传学证明，现在世界上67亿人口都是几千个早期非洲人的后代。

> 无论你来自哪里，从本源上看，我们都来自非洲。

社会生物学

the 30-second theory

相关理论
语言的起源　58页

3秒钟人物
E.O.威尔逊
E. O. WILSON
1929—

本文作者
马克·里德利
Mark Ridley

3秒钟灵光一现

从宗教极端主义到男性为何天生具有方向感，归根结底，这一切都要从生物学中寻找答案。

3分钟奇思妙想

虽然人们总是把"社会生物学"与生物学家对错综复杂的人类社会的解释联系在一起，但是生物学家同样也研究非人类生物的社会行为。这些生物学家常常避开"社会生物学"这一词汇，而自称"行为生态学家"。同样的，从生物学尤其是进化论的角度来解释人类社会行为的科学家，常常称自己从事的这门学科为进化心理学。

　　1975年，随着哈佛大学生物学家E.O.威尔逊《社会生物学》一书的出版，"社会生物学"一词开始进入大众视野。威尔逊把社会生物学定义为对一切社会行为的生物学研究。威尔逊的著作有关生物学研究的一片新兴领域，试图对下列问题进行回答：为什么雌性动物与雄性动物不同？婚配系统的功能是什么——为什么有的动物是一夫一妻制，而有的不是？为什么动物社会是这样构造的？举个例子，黑猩猩的族群内主要是雄性亲属，而年轻的雌性黑猩猩会迁出族群；与之相反，在狒狒族群中，年轻的雄性狒狒会离开。除此之外，社会生物学还解释了合作、利他主义和领域性的背后原因，以及为什么有的动物是群居动物而有的不是。

　　在这部大部头的书的最后一章，威尔逊从生物学的角度更进一步对人类的社会行为做出了一些解释。但这一章节引起了部分人的反对，这些人认为他们的政治观点受到了威胁。虽然社会生物学立足于研究动物行为，但在人们平常的讨论中，"社会生物学"常常是指对人类社会行为的生物学解释。

　　如果你认为人类社会是社会生物学的巅峰，那么还请三思。蜜蜂、蚂蚁和其他社会性昆虫同样生活在庞大的族群中，只不过聚居的原因不同罢了。

> 同一个蜂巢中居住的蜜蜂都是姊妹，这些蜜蜂为她们的母亲——蜂后——辛苦劳作。她们存在的意义就是照顾她们的小妹妹们，也就是蜂后的众多后代。

语言的起源

the 30-second theory

语法是人类语言起源的关键。许多非人类物种都有用来交流的一套符号系统，这些系统内容丰富，但是却不包括构成语法的从句、语气、格和介词。人类的语言极具表达力，可以讨论并思考"可能性"这种抽象概念，也可以发出指示和命令。那么，有语法的语言到底发源于何时呢？这就牵涉到人类祖先大脑的进化问题。虽然我们无法直接对其进行研究，但是，我们有两个间接的证据。一个是人类大脑发育得与现代人类大脑相同的时间。这差不多是在10万年前，拥有这种大脑的是从非洲迁移出的人类，接着一种善用语言的猿类——智人——也就是我们随之出现了。从解剖学角度来看，智人的大脑和我们的大脑完全相同，这就意味着智人拥有和我们相同的语言能力。然而，更关键的变化或许发生得更晚，这就是我们使用大脑的方式发生的变化，而不是单纯的大脑构造的变化。根据考古记录，大约3万年前，原始人使用的工具、山洞装饰以及其他物品在丰富性和艺术性上出现了大幅提高。或许，这正体现了语言的起源，众所周知，语言也是一种工具，可以分享内心的想法、计划和观点。

3秒钟灵光一现

到底是从什么时候开始，人类不再对着彼此叽里咕噜，而是有礼貌地聊天呢？

3分钟奇思妙想

最近，我们又有了另外一种证据来源——遗传学。在语言出现的早期，基因可能发生了某种变化，使大脑形成了控制沟通交流的部分。或许，我们可以识别出这些基因，并确定这些基因发生突变的时间。FOXP2就是一种与语言能力相关的基因。大约在12万年前，这一基因陡然进化。随着越来越多的这样的"语言基因"的发现，就能确切地知道我们何时学会说话了。

相关理论

非洲起源说　54页
社会生物学　56页
地球殊异假说　98页

本文作者

马克·里德利
Mark Ridley

语言把人类和动物区分开来。只有人类可以用语言表达出心中所想。现在我们要做的就是想点什么，然后说出来。

> 只有人类具有足够大的大脑，能创造出那么多语言来描述同一事物。

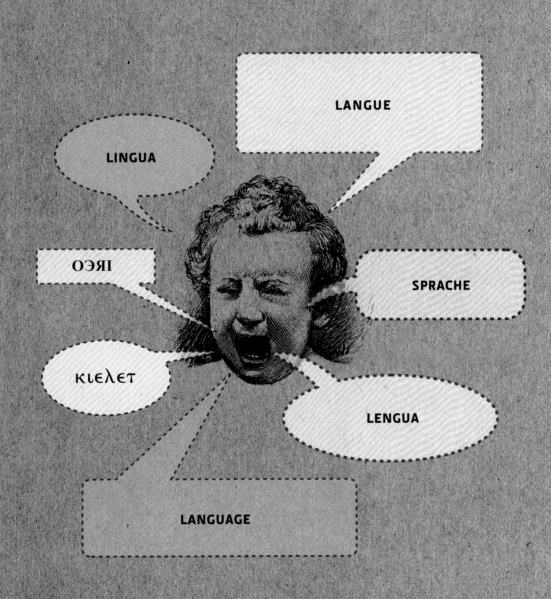

思想与身体

思想与身体
术语

人工智能　计算机科学的分支之一，试图了解智能的实质，然后将其程序化并输入计算机，从而使电脑像人类一样学习和思考。

条件作用　特定的身体行为与某种刺激或信号建立起联系。这种联系在对正确行为进行奖励和对错误行为进行惩罚的过程中得到强化。关于这一点最著名的例子是巴甫洛夫对狗进行的实验。

既定的　形容某种行为完全遵循既定的一系列规则。本能反应是一种既定行为。人类的绝大多数行为都不是既定的，而是人们思考和认知的结果。

弗洛伊德式口误　西格蒙德·弗洛伊德认为，人们有时会口误——在无意识中泄露自己被压抑的真实情感。典型的弗洛伊德式口误与个人和对象关系相关，例如一个男人有时会叫自己的妻子为"妈妈"。

基因　基因一词有两种截然不同的定义。第一种定义认为基因是遗传单位。这一定义与我们今天最常用的基因意义最为相近。如果人们说他们有蓝眼睛的基因，我们都知道他们的意思是他们从父母那里继承了这种特征。然而，这种定义并没有具体告诉我们到底是哪种物理因素导致了蓝眼睛的形成。另一种定义认为基因是DNA序列。DNA是一种复杂的化学物质，以编码的形式记录了生物体发育的蓝图。而基因是一段携带遗传信息的DNA片段，它能在细胞中得到表达，并构成细胞的一部分。

顺势疗法　替代医学的一种，主张用极少量的活性成分来治疗疾病。顺势疗法用水来稀释高浓度的物质来获得制剂。支持者们认为，最初的高浓度成分使水"活化"，从而使水具有药物价值。有些顺势疗法的制剂经过大量稀释，使得制剂中只有一小部分含有活性成分的分子，而剩下的制剂中一点活性成分都没有。治疗病人的只不过是纯净水罢了。

假设　用来解释观察到的自然现象但未经实验证明的一组观点。如果实验不能证明假设中包含的观点是错误的，那么这一假设就升级成为理论。在新的理论出现并推翻这一理论之前，这一理论会被认为是正确的。科学家们运用这些理论提出新的假设，来发现诠释真理更好的方法。

学习理论 行为主义的分支之一。学习理论研究人类经历如何改变人类的行为模式和信念。主流的学习理论被称为建构主义，该理论认为人们在不停地建构和改变自己的动机，这是人们当下和过去的经历或周围人的经历共同作用的结果。

语言学 以语言为研究对象的学科。研究范围包括句法（句子结构）、语法（语言规则）和发音。语言学家据此将语言分类并试图弄清楚语言是如何随着时间的推移而演变的。通过这种方式，我们可以了解到史前时期人类在全球范围内的运动。

神经科学 研究大脑和其他神经系统如何运作的科学。神经科学主要从解剖学和生物化学的角度研究神经系统，并将这些因素与心理学联系起来。

神经质的 与情绪失常或神经官能症相关的状态。神经官能症与精神病不同，精神病主要表现为个人人格障碍和曲解现实。而神经官能症可能表现为身体无意识的抽搐，通常发生在面部。

范式 是指一个由一系列同一主题的假设和概念强化构成的一个整体。当一个新的发现颠覆了人们看待世界的方式，就称为发生了"范式转移"。范式转移一个典型的例子是人们发现地球是圆的而不是平的。

心理学 一门研究人类心理的科学。注意不要把心理学与心理分析学相混淆，后者更为客观。

感觉皮质 感觉皮质位于前脑，负责处理身体的感观信息，包括视觉、听觉和触觉等。这些信息通过携带知觉信号的神经系统传播。运动反应是由单独的皮质区域来控制的。

乌托邦 描述了一个完美的社会，在这个社会里，人们按照一系列严格的原则行事，确保和平与公正。

精神分析学

the 30-second theory

某些动画片中的人物是这样的——人物双肩各站一个小人，一个是魔鬼的化身，另一个是天使的化身。和这些动画片类似，西格蒙德·弗洛伊德的精神分析理论认为人类的心理"剪不断，理还乱"。我们的"自我"一直费尽心思试图在教化的"超我"和具有贪得无厌动物本性的"本我"之间取得平衡。精神分析学的核心观点认为，"超我"和"本我"的冲突大多发生在潜意识中，偶尔以神经质抽搐和"弗洛伊德式口误"的形式表现出来。

同样，性在这个理论中也扮演着十分重要的角色。具体说来，弗洛伊德认为，心理冲突的一个普遍来源是个人儿时的性幻想。最著名的例子就是俄狄浦斯情结——每个孩子都希望从与自己异性的父亲或母亲身上满足性欲，并妒忌地希望与自己同性的父亲或母亲死亡。你可以否认你曾经有过这样的渴望。否认这一行为本身构成了对个人内心渴望的压抑，压抑是弗洛伊德口中的众多心理防卫机制之一，用来控制我们内心最深处的不容于世俗道德的欲望。这种心理作用虽然短时间内为我们保留了面子，但是可能最终会使人精神错乱，需要心理医生的帮助。

相关理论
社会生物学　56页
行为主义　66页
认知心理学　68页

3秒钟人物
西格蒙德·弗洛伊德
SIGMUND FREUD
1856—1939

本文作者
克里斯汀·贾勒特
Christian Jarrett

3秒钟灵光一现
西格蒙德·弗洛伊德认为，如果我们一直试图压抑体内强烈的性欲，最终我们可能会因精神错乱而发疯。

3分钟奇思妙想
有人批评心理分析学的主张无法验证。其实如果弗洛伊德没有声称自己的工作是科学，也就没这么多问题了。虽然精神分析心理治疗法现在已经过时，但是新的研究结果表明弗洛伊德的许多观点是正确的。例如，俄勒冈州大学研究证明压抑机制的确存在。研究者们发现人们刻意遗忘的记忆在将来更不易被回忆起来。

墨迹测验被心理医生广泛应用。病人通过描述看到的墨迹形状而暴露出内心压抑的情感。但是，如果你看到的就是简单的墨迹，那么你可能真的出问题了。

> 审视自己的内心，回首往事时你会看到谁？

行为主义

the 30-second theory

3秒钟灵光一现

在心理学领域中，只有能够测量和检测的行为才具有价值，而心智和意识不过是两个非科学的幻想罢了。

3分钟奇思妙想

行为主义把心理学转变成为一门科学，与弗洛伊德的精神分析法推测相比，无疑是迈出了一大步。然而到了20世纪60年代，行为主义跌入低谷，这主要有两个原因：一是人类头脑中发生的事情并不能通过行为学家的实验进行测量——即便是老鼠和鸽子也有对周边环境的情感、意向和心智模式；二是人类的智力和个性大多是先天遗传的，而不是后天获得的。因此，我们需要进化的心理学来帮助我们理解人类的天性。

虽然行为主义完全排除了心理和意识的概念，并且拒绝把感觉、思想和欲望列入考虑范围，但其仍旧主宰了心理学界多达半个多世纪。行为主义把重点放在对能够在实验室中进行测量的行为的研究上。行为主义创始于1913年，当时美国心理学家约翰B.华生提出人类行为的研究可以采用著名的巴甫洛夫的狗的研究方式。在这一实验中，巴甫洛夫在给狗提供食物时敲响铃声，一段时间后铃声一响，狗就开始分泌唾液。华生认为，只要采取合适的条件反射，就能把孩子培养成任何我们想要的人。另一位美国心理学家B.F.斯金纳提出了"操作性条件反射"这一理论，通过奖励老鼠或鸽子的某些行为，并惩罚另一些行为，最终教会它们压杠杆、走迷宫以及啄不同的颜色。基于这一原理，鸽子制导导弹最终被研制出来，但还没有投入实战该计划就被叫停了。斯金纳还发现，奖励要比惩罚有效得多，这也是家长和教师需要谨记的一条准则。斯金纳建立了自己的"激进行为主义"学派，这个学派认为，我们的行为都是既定的。同时，斯金纳认为可以通过对全体公民进行条件作用，建立起一个乌托邦社会。现在，行为主义早已不再是实验心理学中的主导力量，但是该理论关于学习理论的发现仍然被广泛应用于教育和治疗方面。

相关理论

社会生物学　　56页
认知心理学　　68页

3秒钟人物

约翰B.华生
JOHN B. WATSON
1878—1958

B. F. 斯金纳
B. F. SKINNER
1904—1990

本文作者

苏珊·布莱克摩尔
Sue Blackmore

行为主义向我们解释了人类是如何从自己的经历中学习，包括好的经历还有坏的经历。

> 我们的行为只是对奖励或是惩罚的反应么？请回答"是"，然后奖品就归你啦！

认知心理学

the 30-second theory

认知心理学（cognitive psychology）把人看作一个信息处理系统，主要研究人类如何进行思考、感知、学习和记忆。"Cognitive"一词源自拉丁语，意思是"思考"，而"认知心理学"一词直到1967年才被迪克·奈瑟尔创造出来。认知心理学与盛行一时的行为主义相比有着振奋人心的变化。行为主义拒绝对任何心理过程进行研究，而新的认知心理学则研究人内在的心理活动，并开始利用发展迅速的人工智能。这一新的观点认为，人类的心智可以类比为一台生物计算机的软件，人类的大脑则是其中的硬件。人类的行为、决策和想法都可以看作是信息处理的结果，而这些结果取决于感官输入的数据。举个例子，科学家通过对人类大脑视觉系统的研究，发现了人体对眼睛接收的信息进行处理的完整过程，包括眼部细胞、中脑、感觉皮质以及大脑中能够识别物体、控制行为和语言的区域。到20世纪末，认知心理学飞速发展，成为心理学界的主导范式。现在，认知心理学已经成为认知科学的一部分。认知科学横跨多门学科，除认知心理学外，还包括部分神经科学、语言学和哲学。

3秒钟灵光一现

如果把人体比作一台巨大的生物计算机，那么人类的大脑就是硬件，人类的心智就是软件。我们的行为举止都是信息处理的过程。

3分钟奇思妙想

20世纪末，认知心理学名噪一时，当时几乎所有的心理学研究者都自称是"认知心理学家"。认知心理学主要基于这样一种观点——人类大脑的运作建立在人类对世界复杂表现的建构上。目前，人们对人类大脑的重视开始让位于"生成"理论，这一理论更多地把人的身体和周围环境的动态相互作用纳入研究范围。

相关理论
安慰剂效应　78页

3秒钟人物
迪克·奈瑟尔
ULRIC NEISSER
1928 —

本文作者
苏珊·布莱克摩尔
Sue Blackmore

这究竟是人脑还是电脑？认知心理学家认为这二者没有多大的区别，人脑不过是一台信息处理器罢了。

> 如果大脑是一台电脑，那么它能够被认知心理学家重新编程。

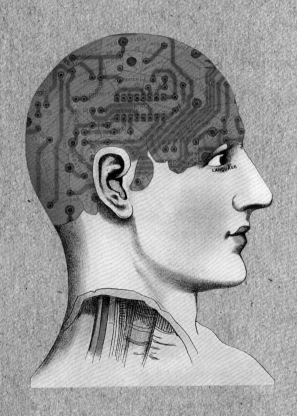

1856

出生于摩拉维亚的弗莱堡

1873

进入奥地利的维也纳大学学习医学

1885

进入巴黎的萨尔贝蒂耶医院工作，与神经学家让-马丁·沙可共事

1900

出版《梦的解析》

1902

成为维也纳大学的神经病理学教授

1920

出版《超越快乐原则》

1938

在奥地利被纳粹德国吞并后，离开了奥地利

1939

于英国伦敦逝世

人物传略：
西格蒙德·弗洛伊德
SIGMUND FREUD

西格蒙德·弗洛伊德是历史上第一位精神分析学家。在治疗心理疾病时，弗洛伊德更多关注病人的心理状况而不是大脑本身。以现在的眼光来看，虽然弗洛伊德的许多理论都已经过时，但是弗洛伊德的研究成果却标志着人类文明的一个转折点。弗洛伊德心理学的出现拓宽了思想界，同时心理学也一跃成为描述人类社会的学科之一，可以与宗教、政治和经济比肩。弗洛伊德出生在弗莱堡市，弗莱堡市现在位于捷克共和国境内，当时属于奥匈帝国。

对于一个曾用大量篇幅强调个人的童年生活具有重要意义的人，很多人都会很想了解他的个人生活是什么样的。有的评论家认为，弗洛伊德与父亲相处不太融洽；弗洛伊德同父异母的哥哥们都比他大得多，因而他童年最亲近的玩伴是他的侄子约翰。童年时期，约翰和弗洛伊德有很深的感情，也发生过矛盾，而诸如此类爱恨交加的关系正是弗洛伊德理论的核心框架。

后来，弗洛伊德接受专业训练后成为一名脑科医生。1885年，弗洛伊德在巴黎待了几个月，在那里遇到了让-马丁·沙可。正是受到沙可的影响，弗洛伊德注意到，精神病人或许是心理出了问题而不是脑功能出现了问题。同年，弗洛伊德与玛莎·伯莱斯成婚。不久之后，弗洛伊德与德国医生威尔海姆·弗利斯建立了深厚的友谊。有些人指出弗洛伊德在理论中再三强调人具有双性向，因而质疑弗洛伊德与弗利斯的这段关系。

弗洛伊德真正开始精神分析学的研究是在19世纪90年代到20世纪初。正是在这段时间内，他提出了若干现在人们耳熟能详的概念，例如"弗洛伊德式口误"、词汇联想、超我、快乐原则以及阴茎羡妒情结。到了晚年，弗洛伊德开始把注意力转向宗教和社会禁忌。1938年，在奥地利被纳粹控制后，他决定离开维也纳。次年，弗洛伊德病逝于英国伦敦。

遗传医学

the 30-second theory

生命体最基本的功能是由基因决定的。如果基因出现问题，我们就可能会患上一系列疾病，例如阿尔茨海默症和癌症，而且还会把遗传性疾病传给下一代。遗传医学把研究重点放在导致人体产生疾病的基因上，试图通过这种方式达到更好的治疗目的，甚至直接把病人完全治愈。从理论上看，这似乎十分简单，即找出导致疾病的问题基因，掐除问题基因并插入正常基因。在相当长的一段时间内，这就是遗传医学的蓝图。然而，真实情况要更为复杂。有些遗传性疾病，例如囊性纤维症，是由单个缺陷基因导致的。但是绝大多数的遗传性疾病，包括癌症，是一系列基因相互作用的复杂结果。研究证明，修复一个有缺陷的基因"难于上青天"，并且到目前为止，没有一种常见的遗传病得到治愈。但遗传医学在用药物弥补基因缺陷方面取得了较大成功。例如，赫赛汀这种药物，它的作用原理是能够识别导致特定乳腺癌的基因，即便如此，这种药物的药效依然十分有限，它同样未能达到人们大肆宣传的效果。

相关理论
自私的基因 48页
实证医学 76页

3秒钟人物
维克托·麦库西克
VICTOR MCKUSICK
1921—2008

本文作者
罗伯特·马修斯
Robert Matthews

3秒钟灵光一现
基因对于我们的健康举足轻重，但是把这种理念应用于治疗疾病要比看起来困难得多。

3分钟奇思妙想
随着时间的推移，生命过程的基因中心论愈发显示出其稚嫩，这促使药物研究人员必须从更加全面和更为复杂的角度去研究生命系统，基因只是这个生命系统中的一部分。人们把这种观点称为"系统生物学"。系统生物学致力于通过研究基因、细胞、器官和完整生命体之间的相互作用，深入了解疾病的作用机理。虽然真正的事实更加复杂，但是这方面的研究已经得到回报——现在我们已经研制出副作用更少的药物。

基因治疗有朝一日或许会成为万能药，但是，现在遗传学家首先要弄清楚DNA序列如何建构人体。只有弄清楚这个问题，一旦基因出现错误，我们就能够检测出来，并对其进行修复。

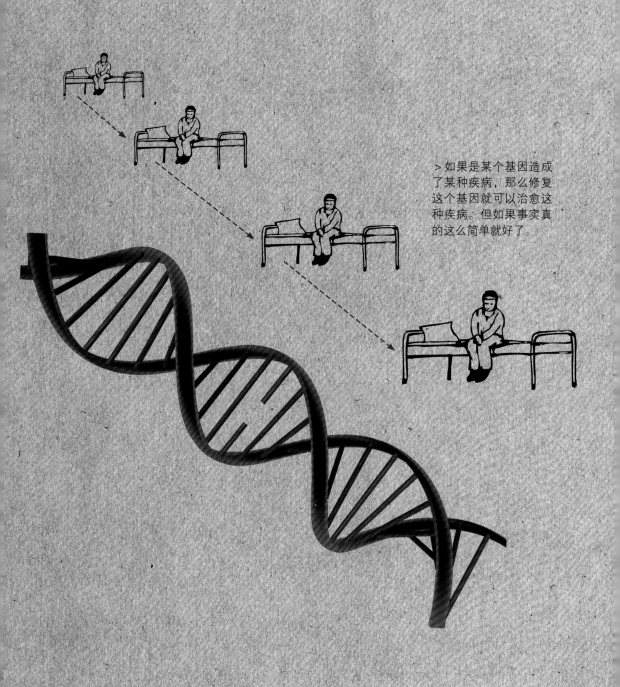

> 如果是某个基因造成
了某种疾病，那么修复
这个基因就可以治愈这
种疾病。但如果事实真
的这么简单就好了。

辅助性疗法

the 30-second theory

对于辅助性疗法的支持者来说，这就是辅助常规治疗的补充疗法，例如针灸和瑜伽。辅助性疗法的反对者认为辅助性疗法就是一个杂货袋，用未经证明的把戏迷惑病人，而实际上却是常规治疗在发挥作用。反对者们说对了一点，例如疼痛和抑郁等疾病，辅助性疗法治疗效果良好，都与强烈的安慰剂效应有关。在这种情况下病人主观认为相比其他无用的治疗，他们在接受辅助性疗法后，身体有所好转。检测辅助性疗法效果的科学实验也给出了喜忧参半的结论（在很多情况下是因为科学实验的设计出现很大问题）。然而，不可否认的是，确实有证据证明，部分辅助性疗法，特别是针灸和冥想，对于治疗头痛、颈痛和压力过大具有显著疗效。辅助性疗法的受欢迎程度已毋庸置疑。这些辅助疗法早已在亚洲国家广泛应用，大约有75%的日本人经常使用这些方法。现在，辅助性疗法在西方也越来越受欢迎。一个典型的例子是，在过去的一年里，每十个英国人里就有一个接受过辅助性疗法。

3秒钟灵光一现
辅助性疗法的主要作用可能在人的心理上，不过只要身体越来越好，谁会在意这个呢？

3分钟奇思妙想
一些辅助性疗法的质疑者喜欢指出这些辅助疗法缺乏科学解释，然而，我们常用的一些传统医疗程序也是如此。例如，某些化合物能导致可逆转的昏迷，而目前还没有关于麻醉让人信服的解释。可以确定的是，那些死板顽固的质疑者才不会因为麻醉没有科学解释而在手术前拒绝麻醉。

相关理论
安慰剂效应　78页

3秒钟人物
艾德扎德·厄恩斯特
EDZARD ERNST
1948 —

本文作者
罗伯特·马修斯
Robert Matthews

虽然在很多情况下，辅助性疗法的有效性尚未经过大规模随机对照临床试验的证明，但是它越来越受到人们的欢迎。

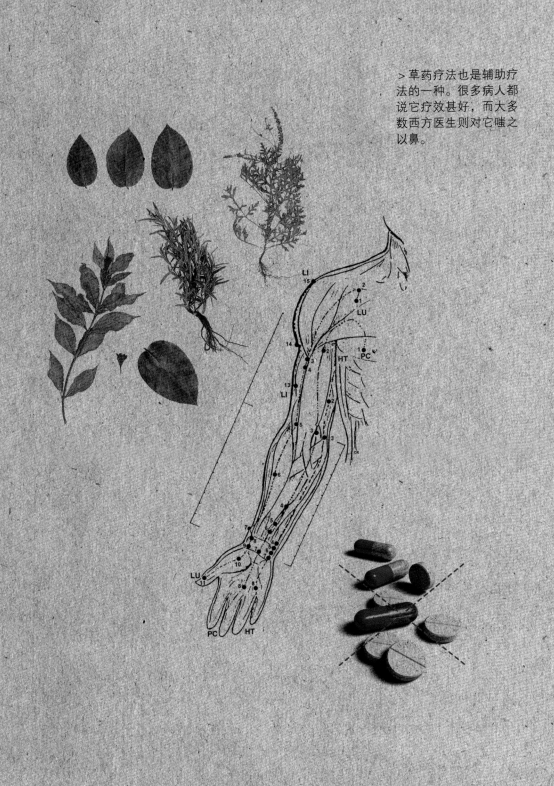

>草药疗法也是辅助疗法的一种。很多病人都说它疗效甚好，而大多数西方医生则对它嗤之以鼻。

实证医学

the 30-second theory

从前，医生都是根据自己的个人想法对病人进行治疗，医生的这些想法包括多年前他们在医学院学到的东西，也包括他们网球伙伴的推荐。这种方法有时行得通，有时却不见效。以科学为基础，依据临床试验的分析结果，做出相应的决策，这就是实证医学。今天，医生可以通过网上数据库了解最有效的治疗方案，这些治疗方案由国际上的权威专家开展的临床试验作为支撑。至于医生会不会真的那样做就是另外一回事了。许多医生仍然更喜欢"两耳不闻窗外事"，一心只做自己的事情。他们的理由有下面几种：太忙而没时间去看这些临床试验评论；怀疑临床试验的可靠性；不情愿如"行尸走肉"般直接采用"被认可的"治疗方案。然而，实证医学的支持者认为，医生应该将确凿的证据与他们对病人需求的判断有机地结合起来。事实上，这两种观点都有一定道理。进行合理的评估并不容易，并且有的临床试验的确很有误导性。即便如此，大多数的病人可能还是更愿意了解到自己接受的治疗是基于最新的科学证据，而不是过时的观点。

3秒钟灵光一现

把其他所有的治疗方案都撇开，实证医学还能怎样决定如何治疗患者呢？

3分钟奇思妙想

实证医学的基本理念是根据获得的最佳信息来做出决策，如今这一理念也逐渐渗入教育和社会保障等其他领域之中。科学研究可以鉴别真正有效的药物，人们希望利用类似的方法来解决人类长久以来争辩的问题，例如，什么是阅读教学的最好方式。然而，有关这种研究方法的价值，医学领域仍存在着激烈的争论。

相关理论
辅助性疗法　　74页
安慰剂效应　　78页

3秒钟人物
艾德扎德·厄恩斯特
EDZARD ERNST
1948 —

阿奇·卡克伦
ARCHIE COCHRANE
1908 —1988

本文作者
罗伯特·马修斯
Robert Matthews

医生都有自己偏爱的治疗方式和手段，但是如何证明你接受的是最好的治疗方法呢？

>这些药总能行的！

安慰剂效应

the 30-second theory

相关理论
实证医学　76页

3秒钟人物
埃尔文·莫顿·杰利内克
ELVIN MORTON JELLINEK
1890 —1963

本文作者
苏珊·布莱克摩尔
Sue Blackmore

3秒钟灵光一现
安慰剂是虚假的治疗，通过期望或暗示的力量改善病人的状况。如果你对一项事物足够坚信，那么无论它是什么，它都能具有安慰剂效应。

3分钟奇思妙想
安慰剂效应效果显著，20世纪之前，有很大一部分的药物似乎都是无效的。请得起大夫的富人并不会比未接受任何治疗的穷人恢复得好（病情甚至可能更为严重）。通过测试安慰剂，人们可以鉴定新的药物是否有效。人们已经发现，针灸能够减轻痛感，却不能治愈疾病，顺势疗法也不具备实效。所以除非你十分坚信一种疗法，不然的话就不要把钱浪费在这上面了。

试想一下，现在给你一颗药丸，告诉你这颗药丸会治愈你的头痛，接着你的身体状况确实有所好转，即使这颗药丸只含有碳酸钙。这就是安慰剂效应（placebo effect）。"Placebo"这个单词在拉丁语中的意思是"我高兴"，在医学领域，是指给病人接受的治疗没有任何药理作用，但由于暗示的力量，出现病人症状得到改善的现象。20世纪20年代，安慰剂效应被首次提出。目前，安慰剂效应已经成为实证医学不可分割的一部分。实证医学通过这种研究以鉴定新的药物或疗法是否有效。在临床试验中，人们常常把一种疗法与安慰剂进行比较。安慰剂有可能是看似真实而实际上不含任何药物成分的药丸，也可能是看起来、感觉起来十分真实而实际上针具根本没有刺入皮肤的针灸。一般来说，在随机对照试验中，一半病人接受真正的治疗，另一半病人接受的是安慰剂。如果两组病人病况好转程度相同，那么就证明新的治疗方案是无效的。安慰剂效应效果明显，当药丸个头更大，颜色是粉色而不是白色的，或者开具药物的医生看上去资历更老的时候，其疗效会更为显著。

药丸并不一定要含有药物成分。安慰剂效应使人更相信自己的病情会改善，然而一旦现在你已经知道了这一点，这一效应可能就不再像之前那么有效了。

> 下面哪种药丸能治愈你呢？天知道！随便选一粒，然后祈祷出现最好的结果吧。

地球

地 球
术语

宇宙射线　恒星或其他天体（例如类星体）释放的高能辐射粒子流。宇宙射线从四面八方冲击地球，但都被地球磁场过滤掉。地球磁场将绝大多数的粒子导向地球两极，在两极上空，这些粒子与大气中的气体相互作用形成极光，就像北极光那样。

地壳　地球最外层的岩石外壳，位于部分熔化的软流层之上。地壳最厚的部分构成山脊，最薄的部分形成海床。

固定　固定用以描述大气中的气体被吸收形成更复杂物质的过程。绝大多数的固定过程发生在生物体内部。例如，植物通过光合作用将二氧化碳以糖分的形式固定下来，而一些细菌可以固定氮气，从而产生肥沃的土壤。

反馈机制　根据自身活动进行自我调节的系统。反馈机制分为正反馈和负反馈两种。正反馈表现为失控效应——正反馈行为会反复自我强化。负反馈表现为自我调节——负反馈行为会减弱未来的活动，使波动减小以至趋于标准水平。

冰川　在陆地上移动的大量冰块，一般是从高处往低处移动。在冰河世纪，地球上大部分地方都由冰川覆盖。今天，冰川主要分布在两极地区和海拔较高的山峰上。

温室气体　大气中形成温室效应的气体。最常见的是二氧化碳和甲烷，还包括水蒸气和氯氟烃。温室气体不仅会阻碍太阳释放的能量到达地球并使地球变暖，而且还会截留反射的热量，使之不能离开大气层。

地质学　研究地球表面形成的相关过程。地质学家主要研究造山运动、地震、火山以及在漫长的时间里不同岩石的形成和变化过程。

地球物理学　从物理学的角度研究地球深处发生的地理过程。这些地理过程不能直接观测，因此地球物理学家需要利用现有的磁、热、波和材料科学的知识来对其进行描述。

假设　用来解释观察到的自然现象但未经实验证明的一组观点。如果实验不能证明假设中包含的观点是错误的，那么这一假设就升级成为理论。在新的理论出现并推翻这一理论之前，这一理论被认为是正确的。科学家们运用这些理论提出新的假设，来发现诠释真理更好的方法。

间冰期　地球上两次冰期之间的时期。所有有记录的历史均发生在目前正在经历的这个间冰期内。

地幔　从地壳到地核的中间层，炙热，呈黏稠状，内含部分熔化的矿物质。地壳的坚硬岩石和最上面的地幔都浮在软流层之上。

生物大灭绝　是指短时间内大量生物集群灭绝的事件，通常是相关物种种群集体消失。最为人熟知的生物大灭绝发生在6500万年前，恐龙和其他大多数巨型爬行类动物从地球上永远消失不见了。人们现在无法确定是什么导致了生物大灭绝，但是很可能是极端的自然灾难所致，例如火山爆发和小行星撞击。

古生物学家　是化石方面的专家，研究对象不只是骨头和保留在岩石中的物体，其研究范围涵盖有关过去生命的所有证据，例如脚印、筑巢区和工具。

参数　一个理论描述的诸如温度和压力这样的物理现象的数值属性。理论通常能够用一个与参数相关的数学方程加以概括。

百万分率　表示极少量的一种物质混入另一种物质的方法。百分之十表示"一百份中占十份"，与此相同，每一百万个原子或分子中含有五个另一种的原子或分子则用百万分之五来表示。同理，十亿分率（ppb）也会被用到。

盐度　测量水或其他溶剂中盐分含量的方法。

均变说　概述了在漫长的地理时间里，地球表面以相同的速度和方式在全球范围内缓慢而持续地发生变化的现象。因此我们能够通过研究地球表面的岩石层推断出远古发生的事情。

太阳星云理论

the 30-second theory

行星诞生于如烟雾般弥漫的粒子云中。这种云像圆盘一样围绕在太阳周围，就像土星光环一样。由于以同样的方式围绕太阳运动，粒子云中的粒子开始相互粘连，并且通常相互碰撞。最终，这些粒子变得足够大，能够通过万有引力吸引其他粒子，并持续不断地增大。最大的团块会吸收较小的团块，从而形成原行星。而这些较大的团块相互碰撞，通过许多次的碰撞而拼合许多次，才最终形成今天我们看到的行星。没人能给出确切解释，为什么四个由岩石构成的小行星距离太阳比较近，而四个气状的大行星距离太阳比较远。似乎距离太阳较近的行星很难保有气体，因为气体很容易被太阳的高温吹散。与此相反，只有在"霜线"（超过太阳一定距离，冰块会因温度过低而无法融化，这个距离界限被称为霜线）以外，气体巨行星才能聚集冰状物质，不仅包括水冰，还包括其他可以冷冻的物质，例如甲烷和氨。

3秒钟灵光一现
太阳系的所有行星诞生于一团气体和尘埃中，而这些气体和尘埃是太阳形成后残留下来的。

3分钟奇思妙想
天王星和海王星距离太阳很远，在这种地方，构成行星的物质盘十分稀薄，通常需要上亿年才能形成它们现在的规模。人们认为这两个行星在形成时距离太阳很近，大致在今天木星和土星的位置，后来它们才慢慢迁移到现在的位置。

相关理论
地球殊异假说　98页
人择原理　110页

3秒钟人物
伊曼纽·斯威登堡
EMMANUEL
SWEDENBORG
1688—1772

伊曼努尔·康德
IMMANUEL KANT
1724—1804

皮埃尔-西蒙·拉普拉斯
PIERRE-SIMON LAPLACE
1749—1827

本文作者
约翰·格里宾
John Gribbin

巨大的恒星诞生于微小的颗粒之中。巨大的气体和尘埃云由于自身引力作用发生塌缩，形成了地球、太阳和整个太阳系。

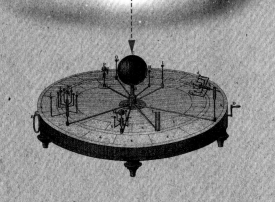

> 尘埃云塌缩

> 旋转的磁盘

> 在中心形成太阳恒星

> 剩下的尘埃、气体和
冰形成了行星群

大陆漂移说

the 30-second theory

我们的星球在永不停歇地运动，甚至大陆自身也在地球表面缓慢移动着舞步，移动速度和指甲生长的速度相差无几。在地球运行史上，这种"舞步"周期性地把各个大陆聚集成一个超级大陆，接着这些大陆再彼此分离。13亿年前的罗迪尼亚超大陆和2.5亿年前的盘古大陆都是这样形成的。

大陆移动的观点其实是老生常谈。早在1596年，比利时地图学家亚伯拉罕·奥特柳斯就指出非洲和南美洲的海岸线彼此契合。他认为美洲是由于地震和洪水而从欧亚大陆撕裂出来的。然而，直到300年后，德国科学家阿尔弗雷德·魏格纳才提出大陆在不停漂移的理论。由于缺乏解释这一现象的理论，这一观点直到20世纪60年代早期才为世人所广泛接受。当时出现了新的地理物理学证据，揭示了大陆运动的同时，海底也在不断扩张；而位于固体地壳和上地幔下面半熔化岩层的流动也在推动大陆进行运动。

相关理论
雪球地球   88页

3秒钟人物
阿尔弗雷德·魏格纳
ALFRED WEGENER
1880—1930

本文作者
比尔·麦奎尔
Bill McGuire

3秒钟灵光一现
大陆虽然看起来十分牢固稳定，但事实上地球上的所有大陆都在永不停歇地运动。这些大陆是搭了下方"粥状"地幔中翻腾对流的"顺风车"。

3分钟奇思妙想
大陆漂移说已经纳入板块构造学的范畴。板块构造学是地理学家用来全面描述地壳和上地幔如何运动和演化的模型。板块构造学基于这样一种观点——地球坚硬的外壳是由许多巨大且不断运动的岩石板块构成的。这一理论解释了大陆的运动、地震和火山的成因和发生地以及山脉的形成原因。

我们脚下的地面并不完全是固态且一成不变的，而是在持续不断地运动。

>幻想看看整个世界?
只要一直站着不动, 你
最终能看到的。因为根
据大陆漂移说, 我们所
在的陆地始终在缓慢地
漂移。

雪球地球

the 30-second theory

正如你所想，雪球地球理论认为，远古时期的地球被冰川全部覆盖，就如同一颗巨大的雪球。这一理论的支持者包括美国地理生物学家约瑟夫·克什文克，正是他创造了"雪球地球"这一名词。克什文克认为，大约在距今8.5亿~6.3亿年前的成冰纪时期，由于太阳光比较微弱，大气中温室气体浓度过低，全球温度骤然降低。整个星球被一层厚达一英里的冰壳完全包裹。

大气中温室气体浓度异常低是这一理论的核心，这一理论同样包含大量有关这一异常现象是如何形成的观点。一个可能的解释是，大陆聚集在赤道周围，为热带风化作用的发生提供了绝佳环境，大气中的二氧化碳与岩石发生反应生成固体矿物质，导致大气中的二氧化碳含量锐减。一旦地球被冰块覆盖，白色的地球表面会把大部分的太阳辐射又反射到太空中，这样冰块融化就显得尤其困难。使这一状况得到转变的原因，要么是太阳温度增高，要么是大气中二氧化碳含量增加。这些二氧化碳有可能来自于火山爆发时排出的气体。

相关理论

全球变暖　　92页

盖亚假说　　96页

3秒钟人物

约瑟夫·克什文克
JOSEPH KIRSCHVINK
1953 —

本文作者

比尔·麦奎尔
Bill McGuire

3秒钟灵光一现
雪球地球在远古持续了数亿年，在这段时间里地球就像是一颗寒冷的冰球。

3分钟奇思妙想
最近的研究指出雪球地球时期出现过温暖期，这表明当时地球上仍存在着气候循环，而如果地球完全被冰雪覆盖，这种气候循环就不可能发生。人们似乎把当时大冰冻的程度夸大了。虽然当时冰川作用的确十分严重，但当时全球仍有大片尚未冻结的海洋。

冰冻的地球有白色的表面，把太阳的热量反射回宇宙，这维持了地球的低温状态。

> 当时，由于地球反射太阳光，雪球地球在宇宙中熠熠生辉。

1919
出生于英国莱奇沃斯市

1948
获得伦敦卫生与热带医学院医学博士学位

1954
获得洛克菲勒旅行医学奖学金，并进入哈佛大学医学院

1961
进入美国国家航空航天局（NASA），从事勘测者号月球探测器项目

1964
成为独立科学家

1974
成为英国皇家协会一员

1979
出版《盖亚》一书

人物传略：
詹姆斯·洛夫洛克

JAMES LOVELOCK

詹姆斯·洛夫洛克是现代世界为数不多的独立科学家之一。40年来，洛夫洛克并不任职于任何一所大学或是政府实验室。他是一位研究员、发明家，也是一个有远见的人，直率而又激进。他最著名的理论——盖亚假说——描述了地球自我调节的方式。科研机构并没有完全接受这一理论，并对洛夫洛克证明盖亚假说的方法提出了质疑。虽然盖亚假说十分具有说服力，但是这一假说对其他科学家是否有用还有待于进一步观察。

1919年，詹姆斯·洛夫洛克出生在伦敦北部的莱奇沃斯市。1941年，洛夫洛克进入英国国家医学研究所（NIMR），在此之前他在曼彻斯特大学攻读化学专业。他在NIMR早期的工作都与战争有关，例如，他发明了水下血压计和测量声速的设备。洛夫洛克在NIMR工作了20年后，去往美国国家航空航天局（NASA）工作。在NASA，他把自己的所有才能用在研制探测器上，用以检测月球或其他遥远星球上大气和岩石的成分。NASA的许多探测器都配有洛夫洛克研制的装置，这些装置用于寻找生命迹象。洛夫洛克意识到，星球上存在生命的明显标志是大气层成分的动态变化。一个没有生命的星球，其大气成分始终不变。地球上的生命会改变大气成分，这赋予了洛夫洛克提出盖亚理论的灵感。

1964年，洛夫洛克离开NASA，回到英国成为一名独立科学家和发明家。1979年，洛夫洛克出版了他的处女作《盖亚》。很快这本书受到了环保人士的欢迎，然而许多科学家却对此不屑一顾，他们认为这本书是基于"新时代"的哲学，而不是客观的科学研究。然而，许多人认为盖亚理论十分有用，这就激发了人们多年的研究和争论。2004年，洛夫洛克发扬自己一贯特立独行的风格，再一次语出惊人，他声称核能是应对气候变化的最好方法。这一次，环保人士站在了他的对立面，对他展开猛烈抨击。

全球变暖

the 30-second theory

相关理论
雪球地球　88页
灾变说　94页

3秒钟人物
斯凡特·阿伦尼斯
SVANTE ARRHENIUS
1859—1927

本文作者
比尔·麦奎尔
Bill McGuire

3秒钟灵光一现

世界变得更加温暖似乎是件好事。但是需要警告大家的是，二氧化碳使地球的"姊妹星"金星的地表温度维持在高达901℉（483℃）的水平。

3分钟奇思妙想

全球变暖并不仅仅是一系列气候和海洋环流的简单变化。回顾过去，早期地球温度的急剧上升引发了一系列的地质活动，包括火山爆发、地震以及海底滑坡。这可能是因为海平面剧烈上升导致的地壳内应力应变的增强。未来的世界不仅气候酷热难当，地质运动也将十分剧烈。

当前，在全球温度肆无忌惮地节节攀升时，全球变暖这一词语似乎显得无关痛痒。地球是一颗处于动态中的星球，在它46亿年的历史中，气候温度经历了太多剧烈的变化。目前我们处在一个温和的间冰期，这一时段夹在一万年前刚结束的冰期和将要来临的冰期之间。一般在间冰期内，温室气体含量在280ppm上下（ppm：百万分率）。二氧化碳是主要的温室气体，这种气体通过截留太阳的热量使地球保持较温和的温度，这与太空刺骨的寒冷形成强烈反差。受200多年来工业化污染的影响，目前大气中的温室气体含量已经攀升到385ppm，而且还在持续上升。虽然现在仍有怀疑论者拒绝把全球变暖归咎于人类，但是把二氧化碳的排放量与全球变暖联系在一起并不是新鲜事。早在19世纪90年代，瑞士化学家斯凡特·阿伦尼斯就已计算得出，如果大气中二氧化碳含量翻倍，会导致全球温度大约升高7.2℉（4℃）。到目前为止，地球温度升高了0.74℃。按照这个速度，阿伦尼斯的预测到2100年就会成为现实。届时世界将变成一个温室，环境不断恶化，全球气候将陷入一片混乱。

有的人喜欢暖和的天气，但是全球变暖可不会把天气变得气温宜人而又阳光明媚。全球变暖只会把天气变得更加极端，疾风骤雨更加频繁。

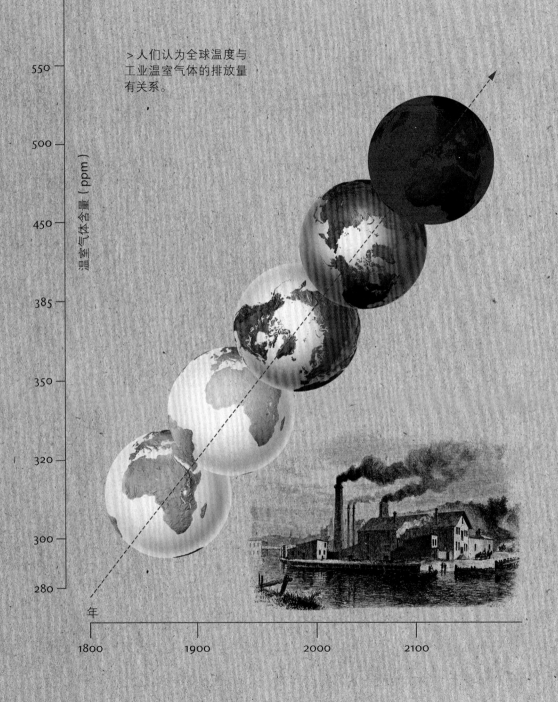

> 人们认为全球温度与
工业温室气体的排放量
有关系。

温室气体含量（ppm）

550

500

450

385

350

320

300

280

年

1800   1900   2000   2100

灾变说

the 30-second theory

灾变说认为地球会周期性遭受到自发、短暂、具有全球影响力的灾难（这一观点尤其受到好莱坞大片的追捧）。灾变说受神学观点的推动，认为灾难是复仇的神祇打击人类的行为，并引用圣经中有关毁灭和灾难的记载，例如诺亚洪水。18世纪和19世纪是灾变说作为一门科学理论的全盛期，自然哲学家指出，地球历史上包括了一系列每隔几千年就会出现的灾难性事件。灾变说最著名的支持者大概是法国古生物学家乔治·居维叶，他把灾难与他从化石中观察到的灭绝现象联系在一起。从19世纪中期开始，在科学领域，灾变说逐渐被均变说替代。均变说由博学家詹姆斯·赫顿提出，并由英国地质学者查尔斯·莱尔发扬光大。与灾变说截然相反，均变说认为地球历史上的变化是渐进和不断累积的，物理进程与我们现在身边发生的完全相同。

相关理论
雪球地球　88页

3秒钟人物
乔治·居维叶
GEORGE CUVIER
1769—1832

詹姆斯·赫顿
JAMES HUTTON
1726—1797

查尔斯·莱尔
CHARLES LYELL
1797—1875

本文作者
比尔·麦奎尔
Bill McGuire

3秒钟灵光一现
史诗般的全球大灾难在我们星球的历史上留下点点痕迹。与这些灾难相比，2004年的印度洋海啸不过是"小巫见大巫"。

3分钟奇思妙想
在过去的几十年间，地球周期性地受到全球性灾难的影响越来越明显，灾变说卷土重来。所谓的全球物理事件——例如小行星撞击或超级火山爆发——不时地打破均变说带给世人的风平浪静。这些事件会导致大规模物种灭绝和全球冰冻，还可能最终导致人类文明在一夜之间倏然消失。

大约在距今6500万年前，恐龙和其他大多数巨型爬行类动物突然全部消失了。这一灾难的原因可能是大型陨石撞击、持续百万年的火山喷发以及蕨类食物的缺乏。

>一亿年间可能并未发生任何大事件，但也说不一定某一天我们就从地球上被完全抹去了。

盖亚假说

the 30-second theory

20世纪60年代，英国科学家詹姆斯·洛夫洛克提出了盖亚假说，在这个假说中，洛夫洛克把地球比作一个自我调节的有生命的有机体。但这并不意味着世界是有生命的，而是说明生命体与自然环境——包括大气、海洋、极地冰盖以及我们脚下的岩石——之间存在着复杂连贯的相互作用。

盖亚假说认为，这些相互关系共同作用使地球保持着适度的稳定状态，以使生命继续生存。这种平衡状态——有时也称为体内平衡——是生命有机体的特性之一，有机体通过内部调节维持现状。为支撑他的观点，洛夫洛克指出，虽然太阳辐射在过去持续增强，但是地球表面温度却始终保持稳定。同时，他还强调，虽然有无数的因素可以破坏海洋盐度和大气成分，但是这两者也始终保持着稳定状态。洛夫洛克的盖亚理论遭到猛烈的抨击，尤其是诸如理查德·道金斯以及已故的斯提芬 J. 古尔德这样的生物学家。然而，生命体在维持地球可居住性中扮演着关键角色这一观点依然吸引了治学严谨的科学家们的注意，并获得了他们的支持。

3秒钟灵光一现

有没有这样一种可能，我们的地球其实不是一块由岩石和金属构成的惰性物，而更类似于一个庞大且可以自我调节的有机体？

3分钟奇思妙想

洛夫洛克与他的前博士生安德鲁·华生构建了一个数学模型——雏菊世界，用以说明反馈机制是如何在利己生命群体中发生的。雏菊世界由相同数量的黑色雏菊（吸收热量）和白色雏菊（反射热量）构成。雏菊世界中太阳释放的能量不同，两种雏菊之间发生竞争，导致两种雏菊数量上发生改变，保证温度始终接近雏菊生长的最适合温度。

相关理论
地球殊异假说　98页

3秒钟人物
詹姆斯·洛夫洛克
JAMES LOVELOCK
1919—

本文作者
比尔·麦奎尔
Bill McGuire

洛夫洛克的雏菊世界是个简单的模型，证明了生命体对地球表面的环境具有调节作用。

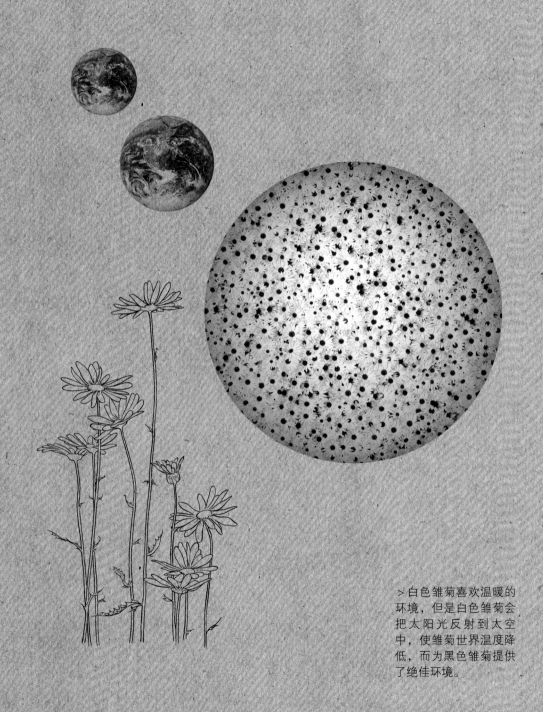

> 白色雏菊喜欢温暖的
环境，但是白色雏菊会
把太阳光反射到太空
中，使雏菊世界温度降
低，而为黑色雏菊提供
了绝佳环境。

地球殊异假说

the 30-second theory

地球或许是一个很稀有的有智慧生命居住的星球。它一直安静、稳定地围绕着太阳那颗恒星来运行，历经了40亿年的进化才孕育出了人类文明。太阳也是颗非同寻常的稳定恒星，在地球生命进化期间，太阳一直是稳定的热量来源。

我们的邻居木星，可以保护地球免遭彗星的冲击。它总能在这些冰状物质接触地球前把这些物质全部吸走。即便如此，人们认为地球上几次主要的灾难都与彗星撞击有关，例如恐龙的灭绝。如果没有木星，这些撞击会更加普遍，而地球上也就不会出现智慧生物了。

地球拥有一颗巨大的卫星——月亮，这十分重要。月球不仅稳定了地球的轴心，并且阻止地球像陀螺一样抖动。由月球提供的潮汐力使地球内部保持温暖，维持地球磁场，从而保护我们免遭有害宇宙射线的影响。潮汐力还引起了海洋潮汐，这促使生命体从海洋转移到陆地。人们相信，月球原本是地球地壳的一部分，在太阳系早期，月球受到巨大冲击脱离地球才进入月球轨道。这一冲击使地球地壳变薄，这使板块构造成为可能，使大陆在地球上来来回回地漂移，地球上的生命因彼此隔离而变得多元化。

相关理论
大陆漂移说　86页
人择原理　110页

本文作者
约翰·格里宾
John Gribbin

3秒钟灵光一现
我们可能是整个宇宙中唯一的智慧生物。

3分钟奇思妙想
与"地球殊异假说"相反的观点是"地球平凡原理"。该原理认为地球在宇宙中十分普通，一点也不特殊。在科学争论中，这两种观点似乎不存在妥协的余地。因此，我们这种生命形式要么十分普通，要么就是独一无二的。

许多令人欣喜的意外事件为地球上智慧生命的诞生扫除了障碍，地球的卫星月球就在很多方面发挥了重要作用。

>引起潮汐的力还使地球旋转的铁内核保持温暖，在全球形成磁场，进而使宇宙射线发生转移。

>月球引起的海洋潮汐推动了地球生命的进化。

宇 宙

宇 宙
术语

人类的 与人类有关的。

原子 构成地球上所发现物质的最小单位。原子自身由更小的粒子构成：质子、中子和电子。这些粒子的不同组合赋予每种原子独特的物理和化学性质。例如，金原子和碳原子的内部构成截然不同。地球上和宇宙中绝大多数的可见物质都是由原子构成的，但是至今仍然有一些无法直接观测到的暗物质，它们的构成方式或许与此完全不同。

重子 亚原子粒子的一类，包括质子和中子。在亚原子粒子领域，重子属于较大的粒子。而更小一些的粒子，例如电子、光子和夸克，则归为轻粒子。

黑洞 宇宙中的一种物体，由巨大恒星的残余物质压缩形成。黑洞的体积极小，引力极强，一切物体包括光都不能从中逃逸。恒星"死亡"后形成黑洞。

宇宙学 研究宇宙起源和进化的科学。当今宇宙学中的主导理论是大爆炸理论，该理论在这一领域占绝对主导地位。

维度 描述一个物体或事件的基本方法。人们已经知道四种维度——长度、宽度、高度和时间，但是，科学理论常常包括多重维度，而这些维度只能通过数学才能进行感知和描述。

星系 是指一系列围绕同一中心旋转的恒星构成的运行体系。英文中，"星系"一词源自希腊文"牛奶"。夜空中，我们所处的星系的中心如同一条朦胧的玉带，自古以来人们称之为银河。

质量 衡量物体内物质含量的方式。"质量"和"重量"经常可以互换使用，但是重量事实上是一个物体承受的重力。在日常语境中，一个物体的"质量"和"重量"在地球上是意义相同的。但是，如果是在月球上，这个物体的质量不会改变，然而物体的重量会由于月球引力的减小而降至地球上重量的15%。

物质 宇宙中能够填充空间的东西，物质能用某种方式进行测量。

中子星　死亡恒星的残余物质经过密集压缩形成中子星，在这个过程中质子和电子融合形成中子。中子星和一座城市差不多大，但是其中包含的物质比太阳还要多。

原子核　位于原子中心，内含质子，通常情况下也包括中子。质子使原子核带正电荷，从而吸引相同数量的电子围绕原子核运动。原子核和电子共同构成原子。原子中绝大部分的质量都集中在原子核上。

量子　不能再分割的最小单元，量子携带有能量。

辐射　辐射有时用来描述放射性物质释放有害物质的现象，但是更确切地来说，辐射描述的是光子（传递电磁相互作用的基本粒子，带有能量）在空间的传播现象。光、热量、无线电波以及危险的伽马射线都属于辐射，只是每一种辐射携带能量的数量不同。然而，最不寻常的辐射形式是霍金辐射，即由黑洞释放出微小颗粒。

红移　从遥远的恒星或星系发出的光产生的一种现象。随着宇宙时空的延伸，遥远的物体以及所有其他物体都在离地球而去。在这个延伸空间内传播的过程中，光波被拉长了。光的波长增大使光变红。这种波长增大的现象就称为红移，即使是看不见的、无色的辐射波长的增长也称为红移。红移是宇宙在不断延伸的一个证据。如果一个物体朝着观察者运动，就会发生相反的情况。光会被压缩，而蓝光波长比红光波长要短，因此会产生蓝移现象。

亚原子的　比原子小的。

真空　空无一物的空间，甚至连无形的气体都没有。

白矮星　普通恒星死亡后仍然发光的残余物。太阳最终也会演化成为一颗白矮星，其大小将与地球相差无几。白矮星逐渐冷却形成昏暗的"黑矮星"。据估计，这一过程需要100亿年，比现在宇宙的年龄还要长，因此现在宇宙中并不存在黑矮星。

大爆炸

the 30-second theory

今天我们在天空中看到的所有恒星都是银河系的一部分。银河系中有上千亿颗恒星，而宇宙中散布着上千亿个像银河系一样的星系，大多数星系由万有引力聚合在一起。星系群如同一大群蜜蜂，作为一个整体一起运动。通过研究星系群的运动，人们发现随着时间的推移，星系群相互远离。来自遥远星系光的红移现象为此提供了最佳证据。红移——从字面上讲，就是星系发出的光变红的现象——证明了星系群正在相互远离，并且这个膨胀过程没有中心。广义相对论把红移现象解释为星系群间距扩大的结果。这意味着在很久很久以前，所有的星系、恒星和宇宙中可见的一切物质都聚集在一起——这是一个"葡萄柚"大小的炙热能量团，它后来发生了爆炸，宇宙便开始不断扩大，人们称之为大爆炸。通过测量今天星系的移动速度，天文学家计算出大爆炸大约发生在137亿年前。

3秒钟灵光一现

137亿年前，一颗炙热的葡萄柚大小的能量团发生爆炸，并不断膨胀，形成了今天我们看到的一切。

3分钟奇思妙想

大爆炸理论引出了一些问题：宇宙是如何开始的，那颗"葡萄柚"是从哪里来的？宇宙会如何结束？膨胀理论对第一个问题做出了回答，解释了一粒微小的亚原子"种子"如何通过量子效应膨胀到一颗"葡萄柚"那么大。最近人们发现宇宙的膨胀速度正在加快，这解答了上述第二个问题。因此，宇宙可能会一直膨胀下去，星系在黑暗的宇宙中相互分离、越来越远。

3秒钟人物

乔治·勒梅特
GEORGES LEMAITRE
1894 — 1966

亚历山大·弗里德曼
ALEXANDER FRIEDMAN
1888 — 1925

爱德文·哈勃
EDWIN HUBBLE
1889 — 1953

乔治·伽莫夫
GEORGE GAMOW
1904 — 1968

本文作者

约翰·格里宾
John Gribbin

试想一下，把一颗和整个宇宙一样重的"葡萄柚"加热到亿亿度，然后大爆炸就发生啦！

> 有人来剥这颗超级热
的 "葡萄柚" 吗？

暗物质与暗能量

the 30-second theory

恒星释放光的多少取决于恒星的质量，因此，天文学家可以通过测量星系的亮度来给星系"称重"。万有引力影响物体运动的方式，因此天文学家可以通过研究星系运动的方式以及宇宙膨胀的速度来给宇宙"称重"。所有星系中的一切发光恒星质量的总和还不到解释星系运动和宇宙扩张所需质量的1%。通过计算大爆炸中原子（构成周围一切事物的粒子）的形成方式，人们发现差不多有4倍的"暗"原子物质存在于恒星间的气体和尘埃云中。这些物质由重子（重子是原子中的大粒子）构成，因而这些物质又称为重子物质。今天，人们认为重子物质占宇宙总质量的4%。星系的运动方式表明宇宙中还存在4~5倍的非重子暗物质，这些物质由更小的亚原子粒子构成。然而，维持宇宙这种膨胀方式所需质量的74%依旧毫无踪迹！最新的观点是这种消失的物质是"暗能量"——它能填充太空并使宇宙加速膨胀。

3秒钟灵光一现

所有星系中的一切发光恒星的总质量不过是整个宇宙总质量的1%。

3分钟奇思妙想

否定重子暗物质和暗能量的唯一可能就是我们现有的万有引力理论是错的，这意味着要改变广义相对论。而这十分困难，因为任何一个新的理论出现，首先就需要解释广义相对论解释过的一切，接着还要在此基础上进一步发展。目前，每当有人提出新的理论，而新的观察结果随后就会把这个理论推翻。

相关理论
宇宙的命运　118页

3秒钟人物
弗里茨·兹威基
FRITZ ZWICKY
1898 — 1974

薇拉·鲁宾
VERA RUBIN
1928 —

索尔·珀尔马特
SAUL PERLMUTTER
1959 —

本文作者
约翰·格里宾
John Gribbin

宇宙中恒星释放的光不足以解释宇宙的质量。宇宙中的绝大多数物质过暗，从地球上看不到，还有许多物质似乎根本就是无形的！

暗能量—74%

暗物质—22%

普通物质
（行星、恒星、尘埃
和气体）—4%

宇宙

> 不要惊慌，但事实
上，宇宙中有96%的物
质都消失不见了！

暴　胀

the 30-second theory

大爆炸理论认为，宇宙发生了暴胀。在暴胀成为一个炙热火球之前，整个宇宙都包含在一个奇点内，后来火球冷却形成星系和恒星。通常，这种"真空涨落"会突然消失。然而，如果像这样的泡沫包含标量场的能量，这一标量场具有反重力的效果，那么这一泡沫能够迅速扩大成直径4英寸（10厘米）的球体——差不多"葡萄柚"那么大，接着这一标量场将以热量的形式释放能量，反重力效果就消失了。

在暴胀过程的结尾，由于受到暴胀的冲击，宇宙这颗"葡萄柚"大小且充满能量的火球将会一声不响地持续扩张——这就是大爆炸。暴胀理论预测，在"葡萄柚"阶段，时空上会留下某种波纹。这些波纹会造成一些异常，而因为这些异常，星系和星系团才能够在宇宙持续扩大的情况下，通过引力集聚不断变大。今天，我们看到的宇宙中的星系和星系团与暴胀理论预测的波纹模式完全契合。

3秒钟人物

阿兰·古斯
ALAN GUTH
1947—

安德烈·林德
ANDREI LINDE
1948—

本文作者

约翰·格里宾
John Gribbin

3秒钟灵光一现

电光火石间，一个极微小的点爆炸形成了宇宙。

3分钟奇思妙想

暴胀现象解释了大爆炸，那么用什么来解释暴胀现象呢？"一无所有"真的能产生真空涨落吗？一些宇宙学家正在寻找暴胀发生前、最初的涨落尚未发生时存在的事物。或许我们会找到一个与现存宇宙类似的宇宙，果真如此，那么现存宇宙可能会"孕育"出另一个宇宙。目前，暴胀理论唯一的对手是"火劫理论"。火劫理论认为宇宙是像凤凰一样从灰烬中重生的。

除了光所处的时空本身，光的运动速度最快。在暴胀时期，宇宙的膨胀速度打破了宇宙速度限制。

人择原理

the 30-second theory

3秒钟灵光一现
宇宙十分适宜生命的生存，这是否意味着宇宙就是为我们设计的呢？

3分钟奇思妙想
人择原理分为弱人择原理和强人择原理两种。弱人择原理认为，物理学和宇宙学所有量的观测数值不具有同等的可能性，而那些允许碳基生命在宇宙中出现的数值则更受偏爱。而强人择原理认为，宇宙中肯定会在某一阶段出现生命。

众所周知，我们生活的宇宙十分适宜生命的生存。如果万有引力更强一些，恒星就会更小一些，其核燃料使用得会更快一些，那么在人类这样的复杂生命形式进化出来之前恒星的能量就会消耗殆尽。人择原理认为，我们可以利用自身的存在来预测宇宙某些性质的大小，诸如万有引力的强弱。早在20世纪50年代，天文学家弗雷德·霍伊尔基于这一理论预测出了碳原子核的某些性质。因为人类的生命形式取决于碳，如果没有这些性质，恒星中就不会有碳，而我们也不会存在了。后来，霍伊尔的预测被实验所证实。那么问题是，为什么宇宙就如同《金发女孩和三只熊》[○]故事中熊宝宝的燕麦粥一样"刚刚好"呢。有人认为，这意味着宇宙就是为人类设计的。而另一些人认为，这意味着世上存在许多宇宙，它们构成了平行宇宙，而生命只存在于与我们的宇宙相类似的宇宙中。

相关理论
地球殊异假说　98页

3秒钟人物
弗雷德·霍伊尔
FRED HOYLE
1915—2001

本文作者
约翰·格里宾
John Gribbin

○《金发女孩和三只熊》是1988年由美国小说家詹姆斯·马歇尔所创作的童话小说，曾于1989年荣获美国凯迪克大奖。——译者注

在宇宙中，地球就如同熊宝宝的燕麦粥——不太烫、不太冷、温度刚刚好，难道这仅仅是个巧合？

> 就像金发女孩的燕麦
粥那样，我们的宇宙对
我们来说也是刚刚好。

1942
出生于英国牛津

1963
开始研究宇宙学，被诊断出肌萎缩侧索硬化症

1974
提出"霍金辐射"概念

1979
被聘用为剑桥大学数学教授

1988
出版《时间简史：从大爆炸到黑洞》

2002
出版《万有理论》

2007
成为第一个在零重力空间中漂浮的四肢瘫痪的人

人物传略：史蒂芬·霍金

STEPHEN HAWKING

史蒂芬·霍金继承了阿尔伯特·爱因斯坦在科学界的巨星偶像地位。由于肌肉萎缩疾病，霍金几乎全身瘫痪，被禁锢在轮椅上，只能通过计算机合成的声音进行交流。无助的肉体内囚禁着一颗睿智的头脑，这一画面使霍金闻名全球。然而，霍金在科学界的地位是由他在理论物理学上的成就奠定的，这些成就也使得霍金出任一度由艾萨克·牛顿担任的剑桥大学学术职位。

1942年，霍金出生于牛津。他早期在家乡大学的学术生涯并不起眼。身体健康时，相对于学习来说，年轻的霍金更偏爱社交活动。1962年，霍金进入剑桥大学攻读博士学位。不久后，霍金就病倒了。也正是在这段时期，霍金对宇宙学（研究宇宙起源和命运的科学）产生了浓厚兴趣。在剑桥大学研究宇宙学成为霍金的终身事业。

20世纪70年代，霍金成为黑洞方面的专家。今天，大多数人都听说过黑洞，许多人知道黑洞是一种密度极大的物体，任何物体甚至包括光都不能从黑洞中逃脱。但是早在1974年，霍金就把这一定义提升到更高的层面。黑洞中的物质重达数十亿吨，体积却和质子差不多大。这种既庞大又微小的物质既可以用相对论（有关大物体的理论）也可以用量子力学（有关小物体的理论）来描述。霍金用这两种理论证明黑洞实际上会释放出微小颗粒，这种现象称为霍金辐射。

1988年，霍金的《时间简史》出版，成为有史以来最热销的宇宙学书籍之一。从此之后，霍金声名鹊起，他标志性的声音常常被用在流行音乐和广告当中。2007年，霍金在美国国家航空航天局（NASA）的教练机中体验了一次失重的感觉，他计划于2009年来一次太空飞行（后因故未能成行）。

宇宙拓扑学

the 30-second theory

宇宙是什么形状的？拓扑学是研究形状的科学，主要研究物体的形状，以及在不撕裂物体的情况下让形状如何发生改变。据说，拓扑学家不能区分甜甜圈和咖啡杯。如果甜甜圈是由橡胶做成的，那么甜甜圈可以拉伸成杯子的形状——甜甜圈的内环变成杯子的把手，甜甜圈的其他部分形成杯身。绝大多数的天文学家认为宇宙是无限的。然而如果宇宙是有限的，宇宙就更像个巨大的甜甜圈。如果真是如此，从这个甜甜圈两边你看到的星系将会是相同的。

在更复杂的拓扑学中，试想一下有一个立方体，其对立面互相连接。如果你乘坐宇宙飞船从这个立方体的"屋顶"穿出，你会穿过这个立方体的"地板"回到立方体中。即使宇宙是有限的，宇宙也要比这个拓扑学模型复杂得多。相反，对大爆炸留下的辐射的研究表明，宇宙可能是个五维十二面体，这和三维中的足球十分相似。

相关理论
大爆炸　**104**页

3秒钟人物
让-皮埃尔·卢米涅
REAN-PIERRE LUMINET
1951——

本文作者
约翰·格里宾
John Gribbin

3秒钟灵光一现
宇宙的形状可能像个五维足球。

3分钟奇思妙想
如果宇宙是有限的，太空中的某些点会同时出现在夜空中的不同位置，就像一个物体放置在一个装满镜子的大厅里一样。这种效果称为"重像"——在夜空中的不同位置出现匹配模式。这些模式实际看上去是镜像的——有些是从"前面"看到的，有的是从"后面"看到的。人们尚未发现这种现象，但是未来的航天天文台或许有能力探测到。

对拓扑学家来说，咖啡杯和甜甜圈没有什么区别。对于他们来说，甜甜圈和咖啡杯的形状是完全相同的——两者只有各个面的长度和角度不同而已。

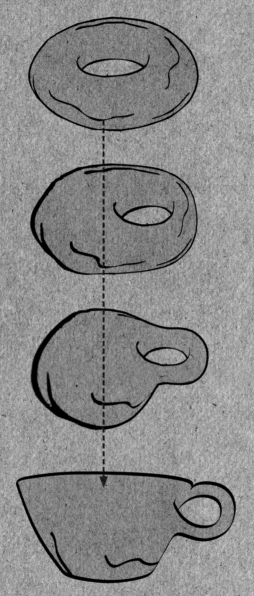

> 甜甜圈扭曲形成杯子。

> 甜甜圈上的洞变成了
杯子把手上的洞。

平行宇宙

the 30-second theory

人们认为，我们的宇宙开始于一小块真空的暴胀。即便是今天，宇宙仍然在暗能量的驱动下扩张得越来越快，其内部的物质越来越稀薄，最终形成真空。在这样的真空中，膨胀可能会产生许多其他的宇宙。同理，我们的宇宙是多重宇宙中的一个，这个宇宙诞生于永无止境的膨胀之中，没有开端，也没有结尾。以这种方式产生的"泡沫宇宙"可能有无数个。果真如此，那么每个宇宙中的物理定律肯定也各不相同。有些宇宙适宜生命存活，有的则不适宜。这就解开了人择原理的谜团。同样，这也意味着存在着很多宇宙，每个可能出现的结果都真实地分别在不同的宇宙中发生了——有你在写这本书而我在读这本书的宇宙，有南方赢得了美国南北战争的宇宙，还有恐龙并没有灭绝的宇宙。

3秒钟灵光一现

我们的宇宙可能只是众多无限"多重宇宙"中的一个，在这个多重宇宙中，每一个可能的事件都会在某个地方真实发生。

3分钟奇思妙想

多重宇宙的观点和薛定谔的猫这个理论十分相似，薛定谔的猫可以同时处于生存和死亡两个状态。对此，有一种解释是，存在两个宇宙——在其中一个宇宙中猫死了，而在另一个宇宙中猫是活的。这有时也被称为"多重世界理论"。猫同时处于两种状态，只不过是在不同的宇宙中罢了。

3秒钟人物

休·艾弗雷特
HUGH EVERETT
1930 — 1982

大卫·多伊奇
DAVID DEUTSCH
1953 —

马克斯·特马克
MAX TEGMARK
1967 —

本文作者

约翰·格里宾
John Gribbin

我们在宇宙中孤独吗？可能吧，但是可以肯定的是，在其他宇宙一定存在与我们的地球相似的星球。

> 到底有多少颗和地球
相似的行星呢?

宇宙的命运

the 30-second theory

相关理论

暗物质与暗能量　106页

暴胀　108页

3秒钟人物

亚历山大·弗里德曼

ALEXANDER FRIEDMAN

1888——1925

索尔·珀尔马特

SAUL PERLMUTTER

1959——

本文作者

约翰·格里宾

John Gribbin

3秒钟灵光一现

宇宙的命运就是扩张得越来越快，直至物质分崩离析。

3分钟奇思妙想

一些理论家认为，宇宙正在加速膨胀。如果这种猜测是真的，那么我们所在的银河系差不多200亿年后会化为碎片，而在6000万年后，整个宇宙都会化成碎片。如果这些理论家是正确的，那么宇宙就像一个25岁的人类，差不多走过了生命三分之一的历程。

　　暗能量使宇宙加速扩张。如果这种现象继续下去——并且我们没有理由认为它不继续下去——宇宙扩张的速度会随着时间的推移不断加快。一开始，这并不会直接影响到物质。在星系内部，恒星照常出生、演化，然后死亡。然而，随着构成恒星的物质逐渐耗尽，星系变得越来越暗淡，更多的物质被禁锢在各式各样的死恒星中，例如白矮星、中子星和黑洞。但是，随着这一过程的发生，星系群之间越来越远，直至淡出彼此的视野。我们所在的银河系属于一个小星系群——本星系群的一部分。几千亿年后——差不多是现在宇宙年纪的10倍——在这一宇宙群岛外面不会有任何可见的物质。最终，宇宙扩张速度过大，可以冲破万有引力和其他一切力的束缚，导致一切物质分崩离析。最终形成一个迅速扩张的宇宙，其内部物质十分稀薄，可以看成是真空，从而为膨胀产生一个或多个新宇宙创造了理想条件。

　　再过若干年——准确来说是1后面跟着11个0——创造宇宙的力最终会把宇宙完全撕碎。

> 暗能量最终会把宇宙
撕成碎片。

火劫理论

the 30-second theory

3秒钟人物

尼尔·图罗克
NEIL TUROK
1958—

本文作者

约翰·格里宾
John Gribbin

3秒钟灵光一现

我们的宇宙可能是由两个沿着第五维度运动的宇宙相碰撞中诞生的。

3分钟奇思妙想

令人惊讶的是，火劫理论可以被验证。暴胀理论预言，宇宙中充满着称为引力波的波纹。火劫理论并没有预测这种现象。再过几年，足够敏感的引力波探测仪将会被送入太空，用以检测这一理论。如果探测仪发现了这些波，那么火劫理论就是错的。反之，暴胀理论就是错的。

火劫理论的名字源自于希腊文"浴火而生"，它还有一个更好听的名字——"凤凰宇宙"。火劫理论认为，我们的宇宙是两个三维空间中的一个，这两个三维空间在第五维度中相隔很近（距离小于原子的直径）。这实际上是空间的第四个维度，但时间已经被称为第四维度了。我们的空间与另一个宇宙一衣带水。目前，这两个宇宙正缓慢地彼此分离，最终将会只剩下一个持续扩张的真空，直到有一股弹簧般的力把这两个宇宙重新拉回，沿着第五维度的方向不断相互靠近。当两个真空般的宇宙互相碰撞时，释放出的能量转化为物质，形成一场新的大爆炸。由于量子效应，这两个宇宙中不同部分相互接触的时间不同，就形成一系列的波纹，为新星系的诞生埋下种子。接着，宇宙相互分离，这一过程周而复始，永不停歇。火劫理论是大爆炸理论的主要替代理论，火劫理论中没有大爆炸理论中第一阶段的膨胀过程。

把你的五维时空给我，我会送你一个火劫宇宙——在这个宇宙中，我们所在的宇宙和另一个无形的宇宙来来回回、上上下下，反复经历连续不断的大爆炸。

大爆炸

碰撞点

> 火劫宇宙中一点也不
平静，而是有一系列连
续不断的大爆炸发生。

知 识

知　识
术语

算法　由多个步骤组成的用以解决问题或者起到特定功能的程序。计算机程序运用算法以完成一系列的操作。在英文里，"算法"一词为"algorithm"，来源于公元9世纪的阿拉伯数学家阿尔·花剌子米的名字"Al-Khwarizmi"。

应用数学　数学的分支之一，研究如何应用数学知识去构建数学工具以解决问题。与之相对的是专门研究数学本身而不以应用为目的的理论数学。

计算机模型　是指用计算机来模拟真实世界。计算机科学用这些模型来研究不能够直接看到的自然过程，例如两个原子的结合，还可以建立模型在虚拟状态下测试一个系统或结构。最终极的模型可用来预测未来。

达尔文进化论　以自然选择为核心的进化理论，由伟大的博物学家查尔斯·达尔文创立。该理论认为在漫长的历史过程中，生命形式不断改变，以适应不同的环境并生存下来。随着生活环境的改变，大自然优胜劣汰。在一个生物群体内，不同的个体之间总是存在一些微小的差异，这些差异被传到下一代。其中一部分群体会比其他的更好地生存和繁殖，或如达尔文所说的那样，他们是适应环境的。

脱氧核糖核酸　英文名为Deoxyribonucleic acid，缩写为DNA，是一种长链聚合物，也是生物遗传信息的载体。

基因　基因主要有两种定义。一种定义认为基因是遗传单位，这一定义与我们今天最常用的基因意义最为相近。如果人们说他们有红头发的基因，我们都知道他们的意思是他们从父母那里继承了这种特征。但是这个定义没有具体告诉我们到底是哪种物理因素导致了红色头发。另一种定义认为基因是具有遗传效应的DNA序列。DNA是携带有生命体遗传信息的复杂化合物，能够被复制并传到下一代。然而，是不是每个基因都与一个遗传特征直接相关？答案是"很少是这样"，这二者之间的关系很复杂。

日心说　认为太阳是宇宙中心的学说，与地心说相对。

集成电路　一种包含有完整电路的电子设备，其开关和其他元件都由同一块材料制成，这种材料通常是硅。今天，微小的集成电路能够蚀刻在硅晶片的表面。集成电路进一步缩小，这使得诸如计算机等电子设备能够同时完成多种功能，使其工作速度进一步加快。

定律　对自然界中观察到的客观规律进行的简单描述。大多数定律以方程式的形式表达出来。

线性的　与直线有关。线性关系是指实体间直接相关并保持不变的关联。如果这种关系以图像的方式表现，会形成一条直线。非线性关系与此截然不同，也更难表现。

逻辑学家　以不同形式的逻辑为研究对象的人。逻辑是用来解决问题的思想体系。

复制因子　能从父母遗传给后代的实体，并能以某种方式在载体死亡的情况下存活下来。

软件　计算机接收的一系列指令，使其能够具备一定的功能或解决某种类型的问题。计算机实体部分称为硬件。

模因　在一种文化下，人与人之间传播的想法、行为模式、风格或信仰体系。模因理论家认为，模因和生物基因相似，能够发生进化和变异。

技因　人们创造出的一种模因，能够通过技术进行复制。

信息论

the 30-second theory

我们都认为自己知道什么是信息，但信息论揭示了它的本质，并告诉人们如何以最快、最准确无误的方式将其"打包"与传输。信息论是一系列日常技术的理论基础，包括从高清数字电视、数字多功能光盘（DVD）、手机到超市里商品包装的条形码。信息论的奠基人是克劳德·香农，他是一位才华横溢的美国年轻工程师，在20世纪40年代提出关于信息的精确数学理论。他确定信息的最基本单位是逻辑上的"真"或"假"，用"比特"表示，其数值只有"1"或"0"两个。香农用这个数学定义提出了即使在有干扰的情况下如何快速、准确地传递信息的真知灼见。这构成了"压缩算法"的基础，使得整部电影能被压缩到DVD里，或者在互联网上传播。信息论也促成了纠错编码的诞生，使越洋电话保持高度清晰，并使得超市商品的条形码即使在变形的情况下仍然保持可读。

相关理论
量子纠缠　36页

3秒钟人物
克劳德·香农
CLAUDE SHANNON
1916 — 2001

本文作者
罗伯特·马修斯
Robert Matthews

3秒钟灵光一现
我们都离不开信息。信息论揭示了信息的本质，以及如何尽可能快和准确地获得信息。

3分钟奇思妙想
最初，信息论可能是只有工程师才感兴趣的乏味的数学，但后来却对生命、宇宙以及几乎所有事物都产生了极其深远的影响。生物学家发现DNA蕴含了信息论的一些关键理念以保证基因可以正确地发挥功能；理论物理学家则发现信息论、黑洞和物理学基本定律之间存在联系。

信息论能将人的声音、图片或者一个数字转换为一串1和0的编码，这些编码易于储存、传播和复制。

> 从条形码到DVD，香农对信息的数学定义使信息得以简便地数字化。

`9 0864678332`

摩尔定律

the 30-second theory

与今天的计算机相比，几年前的计算机看起来像是博物馆里老掉牙的古董。如今的计算机其数字运算能力、内存以及硬盘容量都持续飙升，但价格却基本保持不变。早在1965年，计算机性能的快速提升就被戈登·摩尔发现，他是半导体芯片制造商英特尔（Intel）公司的创始人之一。他在《电子学》杂志的一篇文章中预言，集成电路中可容纳的电子元件将在十年内从50个左右上升到65000个，相当于每年翻一番。1975年，摩尔修订了预测，认为计算机性能增长的速度为每两年翻一番，该预测更为适度，而且之后以摩尔的名字命名。自那以后，"摩尔定律"的预言令人惊奇的准确，并将在未来至少十年内适用——其中一个很重要的原因是摩尔定律的预言已经是芯片制造产业追求的目标。然而，电子元件的变小也存在物理极限，物理法则最终会导致摩尔定律失效。摩尔本人认为摩尔定律的有效性将持续到2025年。

相关理论
量子力学　26页

3秒钟人物
戈登·摩尔
GOROON MOORE
1929 —

本文作者
罗伯特·马修斯
Robert Matthews

3秒钟灵光一现
升级电脑越晚越好，因为同样的钱买到的电脑性能每24个月会翻一倍。

3分钟奇思妙想
虽然摩尔定律正确地预测出了台式计算机计算性能增加的规律，但它没能预测出日渐增大的软件包会浪费计算机性能。最初的计算机内存很小，软件开发者被迫尽量简洁地编写程序，但现在对他们的限制少了很多，以至于做出来的软件很大，经常让用户像几十年前一样为计算机的性能发愁。

想要买电脑？为什么不等等呢？电脑一直都在变得更快、更好、更便宜。

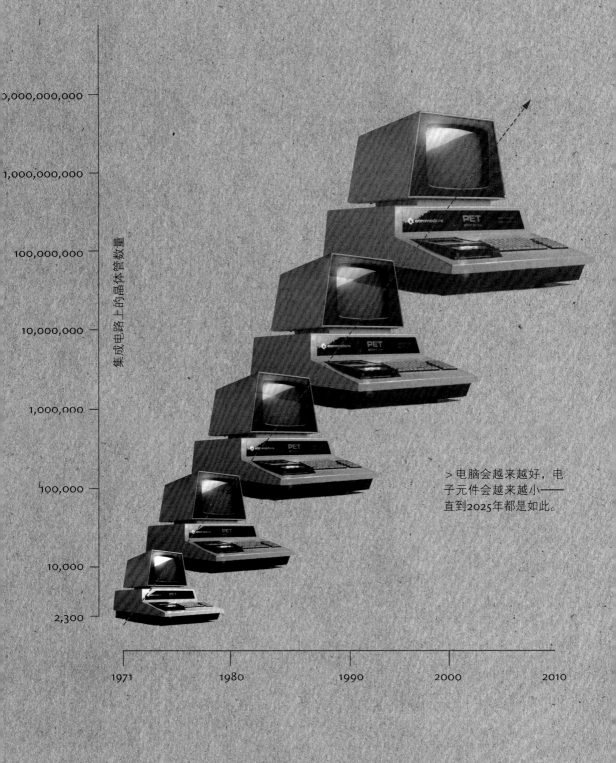

集成电路上的晶体管数量

,000,000,000

1,000,000,000

100,000,000

10,000,000

1,000,000

100,000

10,000

2,300

1971   1980   1990   2000   2010

> 电脑会越来越好，电子元件会越来越小——直到2025年都是如此。

奥卡姆的剃刀

the 30-second theory

相关理论
最小作用量原理　4页

3秒钟人物
奥卡姆的威廉
WILLIAN OF OCKHAM
1288—1348

本文作者
罗伯特·马修斯
Robert Matthews

3秒钟灵光一现

如果你需要从两个解释中做出选择，一个解释干净利落，不需做出任何假设，而另一个解释则基于多重假设，混乱不堪。那么，每次都选择干净利落的那个吧。

3分钟奇思妙想

作为经验之谈，奥卡姆的剃刀无往而不胜，但是它并不能保证每次都能识别出正确的解释。典型的例子是阴谋论，阴谋论总是赋予历史性的事件以错综复杂的解释。奥卡姆的剃刀认为，我们应该接受简洁利落的官方解释，但是只有容易轻信他人的人才总是会这样做。

　　清晰简洁的解释总能博得人们的信服和尊敬，人们这么做也是有原因的。据14世纪的英国逻辑学家奥卡姆的威廉指出，较之复杂和混乱的解释，简洁明了的解释更可能是正确的。他建议，在给出解释时，应该把需要做出的假设的数量降到最少，或者用后来学者们的说法，用剃刀打比方，即把解释"剃"减到最简洁的程度。这一过程的潜在推动力是"相比于复杂，自然更偏爱简洁"，而这样的例子俯拾即是。中世纪，为了解释天体的运动，天文学家把地心说观点变得尤为复杂。然而，只要把太阳放在太阳系的中心，一切问题都变得简单起来。依据奥卡姆的剃刀原则，"日心说"更有可能是对的，后来也证明了这一点。然而，指出"更简单"的解释通常说着容易，做起来难。举个例子，爱因斯坦的相对论真的比牛顿的万有引力定律更简单吗？即便是今天，把奥卡姆的剃刀转变成严格的数学规则也有着很大的争议。

　　保持简单——这就是奥卡姆的剃刀。一旦你理解了这一条，你就可以把理论"剃"减得只留下精髓。

> 少即是多——奥卡姆的威廉就是如此喜欢干净利落。

$$\frac{mV_A^2}{2} - \frac{GmM}{(1-\epsilon)a} = \frac{mV_B^2}{2} - \frac{GmM}{(1+\epsilon)a}$$

$$\frac{V_A^2}{2} - \frac{V_B^2}{2} = \frac{GM}{(1-\epsilon)a} - \frac{GM}{(1+\epsilon)a}$$

$$\frac{V_A^2 - V_B^2}{2} = \frac{GM}{a} \cdot \left(\frac{1}{(1'-\epsilon)} - \frac{1}{(1+\epsilon)} \right)$$

$$\frac{\left(V_B \cdot \frac{1+\epsilon}{1-\epsilon} \right)^2 - V_B^2}{2} = \frac{GM}{a} \cdot \left(\frac{1+\epsilon - 1 + \epsilon}{(1-\epsilon)(1+\epsilon)} \right)$$

$$V_B^2 \cdot \left(\frac{1+\epsilon}{1-\epsilon} \right)^2 - V_B^2 = \frac{2GM}{a} \cdot \left(\frac{2\epsilon}{(1-\epsilon)(1+\epsilon)} \right)$$

$$V_B^2 \cdot \left(\frac{(1+\epsilon)^2 - (1-\epsilon)^2}{(1-\epsilon)^2} \right) = \frac{4GM\epsilon}{a \cdot (1-\epsilon)(1+\epsilon)}$$

$$V_B^2 \cdot \left(\frac{1 + 2\epsilon + \epsilon^2 - 1 + 2\epsilon - \epsilon^2}{(1-\epsilon)^2} \right) = \frac{4GM\epsilon}{a \cdot (1-\epsilon)(1+\epsilon)}$$

$$V_B^2 \cdot 4\epsilon = \frac{4GM\epsilon \cdot (1-\epsilon)^2}{a \cdot (1-\epsilon)(1+\epsilon)}$$

$$V_B = \sqrt{\frac{GM \cdot (1-\epsilon)}{a \cdot (1+\epsilon)}}$$

$$\frac{dA}{dt} = \frac{\frac{1}{2} \cdot (1+\epsilon)a \cdot V_B \, dt}{dt} = \frac{1}{2} \cdot (1+\epsilon)a \cdot V_B$$

$$= \frac{1}{2} \cdot (1+\epsilon)a \cdot \sqrt{\frac{GM \cdot (1-\epsilon)}{a \cdot (1+\epsilon)}} = \frac{1}{2} \sqrt{GMa \cdot (1-\epsilon)(1+\epsilon)}$$

$$T \cdot \frac{dA}{dt} = \pi a \sqrt{(1-\epsilon^2)} a$$

$$T \cdot \frac{1}{2} \cdot \sqrt{GMa \cdot (1-\epsilon)(1+\epsilon)} = \pi \sqrt{(1-\epsilon^2)} a^2$$

$$T = \frac{2\pi \sqrt{(1-\epsilon^2)} a^2}{\sqrt{GMa \cdot (1-\epsilon)(1+\epsilon)}} = \frac{2\pi a^2}{\sqrt{GMa}} = \frac{2\pi}{\sqrt{GM}} \sqrt{a^3}$$

$$T^2 = \frac{4\pi^2}{GM} a^3.$$

$$T^2 = \frac{4\pi^2}{G(M+m)} a^3.$$

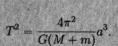

模因论

the 30-second theory

在模仿习惯与技巧，传播故事、歌曲或是人与人之间任何形式的信息时，我们都在和模因打交道。模因的概念以及所有的科学理论本身都属于模因。模因一词源自于普适达尔文主义，它认为一旦信息发生了复制、改变和选择，信息就不可避免地发生了进化。

我们最熟悉的复制因子是基因，但是1976年理查德·道金斯认为文化中包含着第二种复制因子，他称之为"模因"。人类通过模仿和教学来复制模因（包括思想、技巧和行为），人通过出错、故意变更或创造性结合而改变模因，并选择需要记忆和传递的模因。模因论主要研究模因的传播方式，为何有的模因兴盛而有的衰亡，以及这对文化进化的作用是什么。通常情况下，一些模因得以传播是因为这些模因对我们有用或有益，例如科学和医学的部分内容、金融制度、艺术和音乐。而有的模因则像病毒一样传播，虽然它们对我们无益甚至有害，例如网络病毒、连锁信[⊖]、迷信以及无用的治疗方法。我们人类是模因机器，模因利用我们存活下去。

⊖ 连锁信通常指在一封信里写有恶毒的诅咒，包含"如果不转发就会如何如何"之类的字眼。——译者注

3秒钟灵光一现
文化进化是因为人们选择了模因，就好像生物通过基因选择得到进化一样。我们都是模因机器。

3分钟奇思妙想
模因一直被称为"空洞的类比"或是"无意义的比喻"。人们需要模因论来解释人脑的起源或是人类对艺术和音乐的特殊偏爱，而绝大多数生物学家否认这一点，他们认为现存的理论更胜一筹。模因论对一些人来说或许太恐怖了——我们人类都是模因机器。今天，技术模因（技因）开发出了更加先进的技术，使人类的角色变得越来越无关紧要。

相关理论
自然选择　46页
自私的基因　48页

3秒钟人物
理查德·道金斯
RICHARD DAWKINS
1941—

本文作者
苏珊·布莱克摩尔
Sue Blackmore

你头脑中的所有想法都在你追我赶、彼此竞争。这些想法想让你把它们告诉其他人，只有这样，这些想法才能进入新的头脑，从而传播得更远。

> 你说"模因",我说
"模因论"——模因已
经开始传播了。

1928
出生于美国西弗吉尼亚州布卢菲尔德市

1945—1948
就读于匹兹堡的卡耐基技术学院

1948
于普林斯顿大学攻读博士学位

1950
发表有关博弈论的论文

1951
成为麻省理工学院教员

1959
诊断出患有精神分裂症

1994
获得诺贝尔经济学奖

2001
基于纳什生平改编的电影《美丽心灵》上映

2015.5.23
与妻子不幸遭遇车祸身亡

人物传略：约翰·纳什

JOHN NASH

人们很难理解数学家的大脑是如何运作的，毕竟，他们思考时用的语言是数字而不是文字。结果就是，数学天才们的工作成果往往被人们更容易接触到的物理理论边缘化。然而，十分难得的是约翰·纳什是位著名的数学家。

20世纪50年代，纳什提出解释"零和博弈"的理论。零和博弈是一种特殊的竞争模式，在这种竞争中，一方的收益与另一方的损失大小相等。MAD（对等保证摧毁，Mutual Assured Destruction）战略是纳什的观点的一个应用，加剧了冷战期间东西方的军备竞赛。侵略者会受到和防御者同等程度的伤害，这一观点使人们极力避免核战争。同样，经济学家也运用纳什的博弈论来预测市场的行为，为此纳什于1994年获得了诺贝尔经济学奖。

1928年，约翰·福布斯·纳什出生在北弗吉尼亚州的布卢菲尔德。1948年，纳什从匹兹堡的卡耐基技术学院毕业。两年后，他发表了关于非合作博弈的论文。然而，纳什的未来生涯却十分曲折。20世纪50年代，纳什为兰德公司和麻省理工学院工作，但是后来却因为精神疾病和触犯法律而被迫离职。1959年，纳什开始接受偏执型精神分裂症的治疗。病情好转后，他在普林斯顿大学非正式地继续他的工作。2001年，电影《美丽心灵》上映，描述了纳什多舛的人生，并获得四项奥斯卡大奖。不可避免地，这部电影中关于数学的部分被大大简化了。

博弈论
the 30-second theory

在不知道另一方如何思考的情况下，我们如何制订最佳策略呢？无论是军队将领还是纸牌玩家，这一问题古已有之，困扰着一代又一代人。应用数学分支之一的博弈论，就是为解决这类问题而存在的。尽管博弈论的名字是"Game theory"（game在英语意为游戏），但它的内容和应用可远远超越了简单的娱乐消遣。人们对博弈论的第一次深入认识发生在20世纪20年代，数学家们设计出一套处理"零和博弈"的法则（在零和博弈中，一方的获益等于另一方的损失）。这套规则称为极小化极大算法——在最坏的情况下获得最大收益。然而，真实生活中绝大多数的"博弈"并不是零和博弈，有些策略可能会导致双赢或双输。1950年，美国数学家约翰·纳什扩展了极小化极大算法，将非零和博弈囊括其中，这极大地扩展了博弈论的实用性。例如，利用博弈论，进化论生物学家认识到为什么动物倾向于互相合作而不是互相斗争，而心理学家则利用博弈论来研究法制社会中的罪犯行为。

相关理论
社会生物学　56页

3秒钟人物
约翰·纳什
JOHN NASH
1928 — 2015

本文作者
罗伯特·马修斯
Robert Matthews

3秒钟灵光一现
如果你认为人生仅仅是一场游戏，那你就需要知道怎么来玩这场游戏。博弈论能够帮到你。

3分钟奇思妙想
在博弈论复杂表面的背后，是一系列特定的假设，其中最有争议的是假定博弈的参与者都是理性的。但是如果涉及自杀性爆炸或者精神病患者，一切都变得很难预测。

从战争到商业，一切都是博弈。博弈论是一种数学，帮助你成为赢家。

> 该你了，你考虑好怎
么出牌了没?

小世界假说

the 30-second theory

聚会上，你和一个陌生人聊天，却发现你们有一个共同的朋友，这时你会感叹："这世界可真小啊！"世界确实很小。对于这方面的研究已经上升到学科的高度，成为一门理论——小世界理论，这一理论可以用来帮助人们研究疾病的传播以及全球化所带来的影响等。小世界理论的核心是由相互联系的单元（从朋友、邻居到电脑或跨国公司）组成的网络系统。这种网络系统既包括短距离联系（例如生活在一个小村庄的家庭），也包括少量随机的长距离联系（例如需要到遥远的地方进行工作的村民）。数学家们已经证明，只需要少量的这种随机链接就可以横跨广阔的网络系统，把这个网络系统变成"小世界"。在这个世界中，一个人只需要通过少量的中间人就可以联系到任何一个人。实际上，研究表明，一个人只需要通过大约6个中间人就可以联系到世界上的任意一个人。这一发现将关注重点放在识别网络中发挥关键作用的人身上，因为这些人在例如传染病的传播或者成功的新营销活动中发挥着举足轻重的作用。

相关理论

混沌理论　　140页

3秒钟人物

斯坦利·米尔格伦
STANLEY MILGRAM
1933—1984

本文作者

罗伯特·马修斯
Robert Matthews

3秒钟灵光一现
要最快最有效率地构建人脉网络，你只需要认识真正管用的一小部分人。

3分钟奇思妙想
小世界效应也有其阴暗面，2003年8月份发生的一件事就充分证明了这一点。在美国俄亥俄州的克利夫兰，一根电力电缆碰到了一棵树，导致美国八个州以及加拿大东部的大部分地区停电。停电又影响到其他与供电网有关的"小世界"，包括因此陷入一片混乱的加拿大航空和交通网络。

我们的世界彼此联系，一个很小的事件可能会影响到千万人的生活。

> 世界真的很小——谁能想到一只饥肠辘辘的老鼠的行为会导致大范围的混乱呢。

混沌理论

the 30-second theory

3秒钟人物
昂利·庞加莱
HENRI POINCARÉ
1854 — 1912
爱德华·罗伦兹
EDWARD LORENZ
1917 — 2008
本华·曼德博
BENOîT MANDELBROT
1924 —

本文作者
罗伯特·马修斯
Robert Matthews

3秒钟灵光一现
生命中能确定无疑的事大约只有死亡和纳税，但是生活中还有许多事情并不是完全随机的，这些称为混沌。

3分钟奇思妙想
天气是自然中混沌的典型。天气预报工作者就经常用混沌理论来为他们不尽如人意的预测纪录做辩护。现在有证据表明主要的问题或许不是混沌，而是用来预测天气的电脑模型存在本质上的缺陷。

你晚离开家5分钟，错过了去机场的火车。然后当你到达机场时，发现自己错过了飞机，而下一班飞机是明天早上。5分钟的超时到最后演变成一整天的推迟。这一日常案例正是数学家口中的非线性现象——小影响并不一定只产生小的后果。这也正是混沌理论研究的对象，在这些情况下，其结果并不是完全随机的，但也不能准确预测。一个众所周知的例子就是天气，非线性效果使微小的可观测到的误差扩大化，最终变得无法预测。天气预报员甚至提到"蝴蝶效应"——蝴蝶扇动一下翅膀会导致天气预测的结果发生很大变化。

混沌理论能够帮助我们分清下面两种情况的不同，一种是完全随机、不可预测的情况；另一种是混乱但存在准确预测的可能性的情况。同时，混沌理论的预测有一个时间范围，在这个范围之外做出的预测完全不靠谱——就天气而言，这个时间范围是20天左右。

混沌理论认为，一个小的错误会升级成一个重大事件，甚至是一场灾难。

> 在混沌的世界中，把板球打偏可能会带来世界末日。

作者简介

主编：保罗·帕森斯 Paul Parsons

前BBC《聚焦》杂志编辑，为《每日电讯报》（*Daily Telegraph*）等刊物撰写科普文章。其所著的《神秘博士的科学》（*The Science of Doctor Who*）获得2007年英国皇家学会科学图书奖提名。

序：马丁·里斯 Martin Rees

英国皇家学会前任会长，英国剑桥大学三一学院院长，剑桥大学宇宙学和天体物理学教授。1995年，里斯被任命为皇家天文学家，并于2005年成为英国上议院跨党派议员。2007年，里斯获得功绩勋章。同时，他还是哈佛大学、加州理工学院、加州大学伯克利分校和京都大学等多所大学的访问教授，也是普林斯顿高等研究院的理事，是美国国家科学院、美国艺术与科学院以及美国哲学协会的外籍院士。里斯曾就有关科学和政策的一系列主题举办讲座、参加广播和电视节目以及发表文章。其所著的七本书都面向大众读者群体。

吉姆·艾尔-哈利利 Jim Al-Khalili

英国萨里大学物理教授，同时担任该校"公众参与科学"组织主席以及"工程和物理科学研究理事会"的高级媒体研究员。吉姆写了不少非常成功的科普书籍，包括《黑洞、虫洞和时间机器》（*Black Holes, Wormholes, and Time Machines*）和《量子——解开迷惑的钥匙》（*Quantum: A guide for the Perplexed*）。2007年，他获得英国皇家学会颁发的迈克尔·法拉第奖章，奖励他为科学传播所做的贡献。吉姆还经常参加电台和电视台的科学节目。

苏珊·布莱克摩尔 Susan Blackmore

自由撰稿人、讲师、主持人，还是西英格兰大学的客座讲师。她的研究领域为模因、进化论、意识和冥想。她为几部杂志和报纸供稿，并在《卫报》（*The Guardian*）上开有博客。她还经常担任电台或电视节目的嘉宾或主持人，其著作包括《模因机器》（*The Meme Machine*）和《关于意识的对话》（*Conversations on Consciousness*）。

迈克尔·布鲁克斯 Michael Brooks

曾任《新科学家》（*New Scientist*）专题编辑，并给多家不同特色的出版物撰稿，包括《卫报》和《泰晤士报高等教育副刊》（*Times Higher Educational Supplement*）和《花花公子》（*Playboy*）。迈克尔著有两本书：小说《纠缠》（*Entanglement*）和关于科学异常现象的《13件不可思议的事》（*13 Things That Don't Make Sense*）。他拥有量子物理学博士学位，同时也是《新科学家》杂志的顾问。

约翰·格里宾 John Gribbin

约翰·格里宾是英国科普作家，英国苏塞克斯大学天文学系客座研究员。他曾经为《自然》（*Nature*）、《新科学家》（*New Scientist*）、《泰晤士报》（*The Times*）、《卫报》（*The Guardian*）、《独立报》（*Independent*）、《星期日泰晤士报》（*The Sunday Times*）、

《星期日电讯报》（*The Sunday Telegraph*）和BBC广播节目撰稿。他最著名的书是《寻找薛定谔的猫》（*In Search of Schrödinger's Cat*），是了解量子物理的必看之书。2005年，他出版了他的第100本书《团体》（*The Fellowship*）。

克里斯汀·贾勒特 Christian Jarrett

克里斯汀·贾勒特是《心理学家》（*The Psychologist*）杂志的记者，同时担任英国心理学会《研究摘要》的编辑。他曾为很多杂志和组织撰稿，包括《新科学家》（*New Scientist*）、《心理学》（*Psychologies*）、日内瓦情感科学研究中心和联合利华公司。克里斯汀在英国伦敦大学皇家霍洛威学院获得一等荣誉学士学位，在英国伦敦精神病学研究院获得硕士学位，在英国曼彻斯特大学获得行为神经科学博士学位，著有《开卷有益：通俗心理学之旅》（*This Book Has Issues: Adventures in Popular Psychology*）一书。

罗伯特·马修斯 Robert Matthews

罗伯特·马修斯是位于英国伯明翰的阿斯顿大学科学系的访问教授。他的研究领域很广，包括理论数学、医学统计以及诸如墨菲定理起源这样的话题。他还是科普记者，曾多次获奖，作品发表在《新科学家》（*New Scientist*）、《金融时报》（*The Financial Times*）、《读者文摘》（*Reader's Digest*）和www.thefirstpost.co.uk网站上。他还担任BBC《聚焦》杂志的科学顾问。著有《25个理论：正在改变世界的科学》（*25 Big Ideas: The Science That's Changing our World*）和《为什么蜘蛛不被自己的网粘到》（*Why Don't Spiders Stick to their Webs*）。

比尔·麦奎尔 Bill McGuire

比尔·麦奎尔是英国伦敦大学学院地球物理灾害系的教授，被普遍认为是英国研究灾害的顶尖专家之一。他还是科普作家，作品包括《世界末日指南：你绝对不想知道的事情》（*A Guide to the End of the World: Everything You Never Wanted to Know*）以及最近出版的《七年拯救地球》（*Seven Years to Save the Planet*）。他还主持过BBC广播电台第四频道的《灾难将至，科学家面临压力》（*Disasters in Waiting and Scientists Under Pressure*）系列节目以及BBC电视台第五频道天空新闻台系列短片《世界末日报告》（*The End of the World Reports*）。

马克·里德利 Mark Ridley

马克·里德利曾就读于英国牛津大学，并在牛津大学和剑桥大学做过研究员，研究领域为进化论和动物行为。他在位于美国亚特兰大的埃默里大学的人类学和生物学系担任过几年教授，之后回到牛津大学动物学系担任临时讲师，现在还是独立撰稿人。著有《进化和孟德尔精灵》（*Evolution and Mendel's Demon*）等书，并在很多专业期刊和报纸上发表过很多文章和评论。

参考资源

书籍

*25 Big Ideas: The Science
That's Changing Our World*
Robert Matthews
(Oneworld, 2005)

Chaos: Inventing a New Science
James Gleick
(Penguin, 1988)

Dreams of a Final Theory
Steven Weinberg
(Vintage, 1994)

Gaia: A New Look at Life on Earth
James Lovelock
(Oxford University Press, 2000)

*Global Catastrophes: A Very
Short Introduction*
Bill McGuire
(Oxford University Press, 2006)

Grammatical Man
Jeremy Campbell
(Simon & Schuster, 1982)

Prisoner's Dilemma
William Poundstone
(Anchor, 1993)

Quantum: A Guide for the Perplexed
Jim Al-Khalili
(Weidenfeld & Nicolson, 2004)

*Seven Years to Save the Planet:
the Questions and Answers*
Bill McGuire
(Weidenfeld & Nicolson, 2008)

*Six Degrees: The Science of
a Connected Age*
Duncan Watts
(W. W. Norton & Company, 2004)

Snowball Earth
Gabrielle Walker
(Three Rivers Press, 2004)

*Supercontinent: 10 Billion Years
in the Life of Our Planet*
Ted Nield
(Granta Books, 2007)

*Understanding Moore's Law:
Four Decades of Innovation*
Edited by David C. Brock.
(Chemical Heritage Foundation, 2006)

What We Believe But Cannot Yet Prove
John Brockman
(Harper Perennial, 2006)

期刊/文献

Focus
www.bbcfocusmagazine.com

New Scientist
www.newscientist.com/home.ns

Wired
www.wired.com/

Anderson, M. C. and Green, C. (2001),
"Suppressing unwanted memories by
executive control."
Nature, 410, 131–134.
www.nature.com/nature/journal/v410/
n6826/full/410366a0.html

Solms, M. (2004), "Freud returns."
Scientific American, 290, 82–88.
www.sciam.com/article.cfm?id=freud-
returns-2006-02

网站

Bad Science
www.badscience.net
Ben Goldacre's column from the Guardian,
*presented as a weblog. Articles generally
focus on how the media misrepresents
science*

Genetics Eductation Center
www.kumc.edu/gec/
Online genetic medicine resource:

Information theory
www.tinyurl.com/f4two
Claude Shannon's original paper

*The International
NeuroPsychoanalysis Centre*
www.neuropsa.org.uk/npsa/

The James Lind Library
www.jameslindlibrary.org
*Evidence-based medicine
online resource*

Null Hypothesis
www.null-hypothesis.co.uk
*The journal of unlikely science—
a lighthearted look at the weird
world of science and technology*

Open2.net
www.open2.net/alternativemedicine/
index.html
*Online resource for complementary
medicine*

Stanford Encyclopaedia of Philosophy
plato.stanford.edu/entries/simplicity/
entry on Ockham's Razor

词汇表

爱德文·哈勃
Hutton, James
詹姆斯·赫顿
hypotheses 假说

I

inflation, theory of
暴胀理论
information theory 信息论
integrated circuits
集成电路

J

Jellinek, Elvin Morton
埃尔文·莫顿·杰利内克

K

Kant, Immanuel
伊曼努尔·康德
Kelvin, William
  Thomson, Lord
威廉·汤姆生（开尔文爵
士）
kinetic energy 动能
Kirschvink, Joseph
约瑟夫·克什文克

L

Lamarck, Jean-Baptiste
让-巴蒂斯特·拉马克
Lamarckism 拉马克学说
language, origins of
语言的起源
Laplace, Pierre-Simon

皮埃尔-西蒙·拉普拉斯
learning theory 学习理论
least action, principle of
最小作用量原理
Leibnîtz, Gottfried
戈特弗里德·莱布尼茨
Lemaître, Georges
乔治·梅勒特
Linde, Andrei
安德烈·林德
linguistics 语言学
Lorenz, Edward
爱德华·罗伦兹
Lovelock, James
詹姆斯·洛夫洛克
Luminet, Jean-Pierre
让-皮埃尔·卢米涅
Lyell, Charles
查尔斯·莱尔

M

macrocosm, the
宏观世界
man, origins of 人类起源
Mandelbrot, Benoît
本华·曼德博
mass 质量
mass extinction
生物大灭绝
Maxwell, James Clerk
詹姆斯·克拉克·麦克斯韦
McKusick, Victor
维克托·麦库西克
mechanics 力学

memetics 模因
microcosm, the 微观世界
Milgram, Stanley
斯坦利·米尔格伦
minimax theorem
极小化极大算法
Moore, Gordon
戈登·摩尔
Moore's Law 摩尔定律
motion, laws of 运动定律

N

Nash, John 约翰·纳什
natural selection 自然选择
Neisser, Ulric 迪克·奈瑟尔
neuroscience 神经科学
neurotic disorders
神经官能症
neutron stars 中子星
Newton, Isaac
艾萨克·牛顿
nucleus 原子核

O

Ockham's razor
奥卡姆的剃刀
Ortelius, Abraham
亚伯拉罕·奥特柳斯
oscillations 振荡
"out of Africa" hypotheses
非洲起源说

P

paleontologists

古生物学家
panspermia 泛种论
paradigms 范式
parallel worlds 平行世界
parts per million
每百万分之
Perlmutter, Saul
索尔·珀尔马特
  "perpetual motion"
  machines 永动机
photons 光子
placebo effect, the
安慰剂效应
Planck, Max
马克斯·普朗克
plate tectonics 板块构造
Poincare, Henri
昂利·庞加莱
potential energy 势能
prebiotic chemical
生物前化学物质
psychoanalysis 精神分析
psychology 心理学

Q

quantum 量子
quantum electrodynamics
  （QED）量子电动力学
quantum entanglement
量子纠缠
quantum field theory
量子场理论
quantum mechanics
量子力学

quantum theory 量子理论

R

radiation 辐射

radioactivity 放射

rare earth hypothesis
地球殊异假说

redshift 红移

refraction 折射

relativity, theory of
相对论

replicators 复制因子

Rubin, Vera 薇拉·鲁宾

Rutherford, Ernest
欧内斯特·卢瑟福

S

Sagan, Carl 卡尔·萨根

salinity 盐度

Schrödinger, Erwin
欧文·薛定谔

Schrödinger's cat
薛定谔的猫

selfish gene, the
自私的基因

semiconductors 半导体

sensory cortex 感觉皮质

Shannon, Claude
克劳德·香农

Skinner, B.F.
B. F. 斯金纳

small world hypothesis
小世界假说

snowball earth 雪球地球

sociobiology 社会生物学

solar nebular theory
太阳星云理论

speed of light 光速

spores 孢子

Steinhardt, Paul
保罗·斯坦哈特

string theory 弦理论

strong nuclear force
强核力

subatomic 亚原子

Swedenborg, Emanuel
伊曼纽·斯威登堡

T

Tegmark, Max

马克斯·特马克

teleportation 远距传物

temes 技因

territoriality 领域性

thermodynamics 热力学

Turner, Michael
迈克尔·特纳

Turok, Neil 尼尔·图罗克

U

uncertainty principle, the
不确定性原理

unification 统一理论

uniformitarianism 均变说

universal gravitational
theory
万有引力定律

universe, fate of
宇宙的命运

Utopian societies
乌托邦社会

V

Vacuum（in space）
太空中的真空

Voltaire 伏尔泰

W

Wallace, Alfred
阿尔弗雷德·华莱士

Watson, John B.
约翰 B. 华生

wave theory 波理论

weak nuclear force 弱核力

Wegener, Alfred
阿尔弗雷德·魏格纳

Wheeler, John A.
约翰 A. 惠勒

white dwarfs 白矮星

Wickramasinghe, Chandra
钱德拉·维克拉玛辛赫

Wilson, E. O.
E. O. 威尔逊

Y

Young, Thomas
托马斯·杨

Z

Zwicky, Fritz
弗里茨·兹威基